湖南省长沙市农民教育培训教材

长沙市常见蔬菜安全高效生产技术

长沙市农业广播电视学校
长沙市农业委员会蔬菜处　组织编写

刘明月　尹含清　主编

U0306641

中国农业科学技术出版社

图书在版编目（CIP）数据

长沙市常见蔬菜安全高效生产技术／刘明月，尹含清主编．—北京：中国农业科学技术出版社，2016.8

ISBN 978-7-5116-2707-0

Ⅰ.①长…　Ⅱ.①刘…②尹…　Ⅲ.①蔬菜园艺　Ⅳ.①S63

中国版本图书馆 CIP 数据核字（2016）第 192043 号

责任编辑	白姗姗　崔改泵
责任校对	贾海霞
出 版 者	中国农业科学技术出版社
	北京市中关村南大街 12 号　邮编：100081
电　　话	（010）82106638（编辑室）　（010）82109702（发行部）
	（010）82109709（读者服务部）
传　　真	（010）82106650
网　　址	http://www.castp.cn
经 销 者	各地新华书店
印 刷 者	北京科信印刷有限公司
开　　本	710 mm×1 000 mm　1/16
印　　张	15.75
字　　数	205 千字
版　　次	2016 年 8 月第 1 版　2017 年 2 月第 3 次印刷
定　　价	38.00 元

前　言

　　蔬菜是城乡居民生活必不可少的重要农产品，保障蔬菜供给是重大的民生问题。改革开放以来，长沙市蔬菜产业发展迅速，在保障市场供应、增加农民收入等方面发挥了重要作用。同时，必须清楚认识到蔬菜产业发展还存在市场价格波动大、产品质量不稳定等突出问题。党和政府历来高度重视蔬菜产业发展，2010年国务院出台3个文件，就推进新一轮"菜篮子"工程建设、加强蔬菜生产流通、保障市场供应等工作提出了一系列要求，同时制定了全国蔬菜产业发展规划（2011—2020）。

　　为适应蔬菜产业形势变化，推进蔬菜供给侧结构性改革，满足城乡居民对"菜篮子"产品日益提高的要求，有必要对广大菜农进行职业培训，提高菜农的科技文化素质和种菜水平，促进农业增效，农民增收，农村和谐，进而推进农村经济社会全面发展。为此，根据长沙市农业委员会的部署和安排，长沙市农业广播电视学校协同长沙市农业委员会蔬菜处，经过实地调研，深入各个蔬菜基地，广泛了解各种蔬菜的种植技术和特点，并委托湖南省蔬菜产业技术体系首席专家刘明月教授组织该体系的岗位专家和试验站长编写了《长沙市常见蔬菜安全高效生产技术》一书，作为长沙市新型职业农民培育教材之一。

　　该书从长沙市蔬菜生产的实际需要出发，集专家科研成果和菜农经验于一体，全书共分4章，分别介绍了蔬菜基地（标准园）建设、蔬菜设施育苗、蔬菜设施栽培、蔬菜露地栽培，共涉及蔬菜种类40余种，每一种蔬菜从优良品种选择、培育壮苗、整地施肥、田间管理、病虫害防治到采收等方面进行了较为详细的叙述。该书编写内容丰富，文字通俗易懂，技术科学实用，对长沙乃至全省的蔬菜生产具有较强的指导性和可操作性，是新型职业农民和广大蔬菜爱好者难得的一本实用教材。

在此书编写过程中，非常感谢湖南农业大学刘明月教授能在百忙之中抽出时间参与编写。同时，也要感谢长沙市农业委员会、长沙市农业广播电视学校及各界参与本书编撰工作的同志付出的辛勤努力。衷心期待各位读者提出宝贵意见，以便我们不断提高服务质量和水平。

编委会

2016 年 8 月

目　录

第一章 蔬菜基地建设

第一节 蔬菜基地的选址

一、选址考虑的因素

（一）生态环境

1. 非城市建设用地

蔬菜基地必须在城市建设规划范围之外，远离城区处于基本农田保护区域内。

2. 产地环境

应选择在生态条件良好，远离污染源具有可持续生产能力的农业生产区域。土壤重金属背景值高的地区，与土壤、水源环境有关的地方病高发区不能作为蔬菜基地。蔬菜基地空气中各种污染物含量不应超过表 1 – 1 所列的浓度值；蔬菜基地水源充足且灌溉水中各项污染含量不应超过表 1 – 2 所列浓度值；蔬菜基地各种不同土壤中的各项污染物含量不应超过表 1 – 3 所列的限值。总之不仅能满足蔬菜生长发育对土壤环境的基本要求，而且应符合 NY 5010—2002 无公害食品蔬菜产地环境条件的要求。

表 1 – 1　蔬菜基地环境空气质量指标

项目	浓度限值	
	日平均	1 小时平均
总悬浮颗粒物（标准状态），mg/m³ ≤	0.30	—
二氧化硫（标准状态），mg/m³　≤	0.15	0.50

（续表）

项目		浓度限值	
		日平均	1 小时平均
二氧化氮（标准状态），mg/m³	≤	0.12	0.24
氟化物（标准状态）	≤	7μg/m³	20μg/m³ ≤
		1.8μg/（m³·天）	—

注：日平均指任一日的平均浓度，1 小时平均指任一小时的平均浓度

表 1-2　蔬菜基地灌溉水质量指标

项目		浓度限值	项目		浓度限值
pH 值		5.5~8.5	总铬，mg/L	≤	0.10
化学需氧量，mg/L	≤	150	氟化物，mg/L	≤	2.0
总汞，mg/L	≤	0.001	氰化物，mg/L	≤	0.50
总镉，mg/L	≤	0.005	石油类，mg/L	≤	1.0
总砷，mg/L	≤	0.05	粪大肠菌群，个/L	≤	10 000
总铅，mg/L	≤	0.10			

表 1-3　蔬菜基地土壤环境质量指标

项目		含量限值		
		pH 值 <6.5	pH 值 6.5~7.5	pH 值 >7.5
镉，mg/L	≤	0.30	0.30	0.60
汞，mg/L	≤	0.30	0.50	1.0
砷，mg/L	≤	40	30	25
铅，mg/L	≤	250	300	250
铬，mg/L	≤	150	200	250
铜，mg/L	≤	50	100	100

注：以上项目均按元素量计，适用于阳离子交换量 >5cmol（＋）/kg 的土壤，若≤5cmol（＋）/kg，其标准值为表内数值的 1/2

（二）人文环境

1. 生产历史与现状

基地选址一要充分考虑当地蔬菜生产的历史，农民种菜的习惯及其积极性。二要充分考虑劳动力资源状况，包括劳动力数量

与劳动者素质。

2. 周边环境、治安状况

基地周边社区社会风气良好，无有意破坏和偷盗现象。

二、选址应考虑的基本要素

（一）自然要素

1. 采光与通风

采光好，南面开阔、向阳，无遮阴，通风良好。

2. 避风

避免风口，尽量减少热量损失和风压的影响。

3. 地形及土壤条件

地势平坦、不能太低洼，地下水位以 2m 以下为宜，排灌两便，不被水淹，不会干旱；田块成形，土地整理工作量不大；土层较深厚，土壤肥沃，富有团粒结构，有机质含量丰富，保水保肥及通气条件良好，以壤土、沙壤土、黏壤土较宜，pH 值在 6.0～7.5。

4. 排灌方便

水量足、供水近、水质好。基地水源有保证，伏旱季节40天无雨能保灌溉；雨季能排渍，防洪有保障，排水有出路，日降雨量150mm 不受淹。

（二）综合要素

1. 交通便利

应紧邻公路或已经规划农村公路建设的通达区域，与高速入口较近。

2. 电力充足

电力供应正常且充足。

3. 通讯快捷

通讯发达，移动信号强，具备宽带上网条件，便于与市场对接联络。

第二节　蔬菜基地的规划设计

一、田区的划分

田区的划分，主要目的是为了方便于统一布局以及耕作，进行系统的轮作，统一安排田间的灌溉与排水，以及田间道路等。菜园小区又称耕作小区，为菜园的基本生产单位。划分菜园小区将直接影响菜园的生产、投资成本及经济效益，是菜园规划的一项主要内容。

田区的划分就是将蔬菜基地划分为若干个菜园小区，每个菜园小区又划分为若干地块。就平地而言，菜地可以 2～3 亩*为一小单位，以 60～100 亩为一片。每一小单位划分成正方形或长方形的地块，统一安排机耕、种植、轮作与管理。单位地块的大小与灌溉条件和机械作业的能力有关。要根据地形地貌特点来划分，并与土地整治和排灌设施结合紧密。平原区要突出田成方、地块大，方便机械耕作。

二、道路的划分

良好而合理的道路系统是菜园的重要设施，是现代化菜园的标志之一。在规划上应尽量利用现有的交通干线，以降低投资成本。各级道路的规划要按照集约节约用地、方便生产、适度超前、降低投入的原则，与小区、排灌系统等统筹安排规划。

大、中型菜园，如 300 亩以上的菜园，其道路系统应由主路、支路和环田路（小路）组成。主路一般仅设一条，要求位置适中，贯穿全园，通常设置在全园的中间或原有主排灌系统的旁边。路基面宽 6m，浇筑 200 号混凝土路面，砼宽 4.0m，厚 0.25m，每100m 安加厚砼管涵洞，直径 0.6m。能行大型拖车。支路设置在片与片之间或每隔 30～45 亩，支路与主路垂直，路基面宽 2.5m，

---

* 1 亩≈667m²，1hm² =15 亩。全书同

浇筑 200 号混凝土路面，砼宽 2.0m，厚 0.15m，每 100m 安加厚砼管涵洞，直径 0.4m。可行一台拖拉机并有适宜的人行道为度。环田路设置在片内，以每一耕作小区为单位，即小路，路基面宽 1.5m，浇筑 200 号混凝土路面，砼宽 1.2m，厚 0.1m 以上，每 100m 安加厚砼管涵洞，直径 0.3m，以方便行人和三轮摩托通行。

三、排灌设施

充分利用河流与地下水资源及天然降雨，合理布局和修建灌排水沟、拦山沟和动力提灌或塘、库蓄水设施，提高抗灾能力和水源利用。地面排水工程按十年一遇标准设计，三日暴雨不淹田，一日内排除积水，干旱能满足蔬菜生长需要的灌水要求。各地要因地制宜明确排灌重点，平原区的稻田要突出防洪、排湿，排灌沟渠应选择相对宽而深、并配建机井或者提灌设施；丘陵梯田和旱地要突出保水抗旱，排灌沟渠应选择相对窄、浅并配建贮（蓄、发酵）水池和机井或者提灌设施。

排水系统必须与当地的地形、地貌、水文地质相适应，充分考虑地面的坡度，地下水的径流情况，以及地下水矿化程度和土壤发育的要求因素。排水系统应尽量与道路的规划相一致，即应沿着道路的两旁走。主灌溉渠道与主道路匹配，而支灌溉渠道与支路匹配，毛灌溉渠道与田内畦相匹配，同时还应具有环田沟，与环田路相匹配。

（一）排水设施

1. 主排水渠

根据蔬菜基地规划设计，选择 U 形或者浆砌之一。U 形槽渠：安预制砼 U 形槽宽 0.6～0.8m、深 1～1.2m，75 号砂浆砌砖，100 号砂浆抹面；浆砌砖渠：宽 0.6～0.8m、深 1～1.2m，100 号砂浆抹面，75 号砂浆砌砖，浇筑 150 号混凝土砼渠底。

2. 支排水渠

一般为 U 形槽渠：安预制砼 U 形槽宽 0.5～0.7m、深 0.5～0.7m，75 号砂浆砌砖，100 号砂浆抹面；浆砌砖渠：宽 0.5～

0.7m、深0.5~0.7m，100号砂浆抹面，75号砂浆砌砖，浇筑150号混凝土砼渠底。

3. 毛沟渠

即菜田的环田沟（围沟）、腰沟、畦沟，一般不用硬化。

围沟沟宽40~50cm，沟深45~50cm；腰沟沟宽35~45cm，沟深30~35cm；畦沟沟宽30~40cm，沟深25~30cm。

（二）灌溉设施

1. 沟灌

灌溉水从地表面进入田间，并借重力和毛细管作用浸润土壤。沟灌由水源和各级灌溉渠道组成。沟灌渠道包括主渠道、支渠道和毛沟渠。

2. 喷灌

利用专门设备将有压力的水输送到灌溉地段，并喷射到空中分散成细小的水滴，像天然降雨一样进行灌溉。其突出优点是对地形的适应性强，机械化程度高，灌溉水利用系数高，尤其适合于透水性强的土壤和密播速生蔬菜生产，并可调节空气湿度和温度。但基建投资较高，常受风的影响而灌水不匀，同时造成田间空气湿度大，不适于大型蔬菜生产。

3. 滴灌

滴灌是利用一套塑料管道系统将水直接输送到每棵植物的根部，水由每个滴头直接滴在根部上的地表，然后渗入土壤并浸润作物根系最发达的区域。其突出优点是非常省水，自动化程度高，可以使土壤湿度始终保持在最优状态，并且可以将灌水与追肥结合起来，实现水肥一体化。但需要大量塑料管，投资较高，滴头极易堵塞。把滴灌毛管布置在地膜的下面，可基本上避免地面无效蒸发，称之为膜下滴灌。滴灌由供水池、灌溉首部（由加压泵、过滤器、施肥器等组成）、供水管网（主供水管直径110~160mm、支管直径75~90mm、分支管直径32~50mm、滴灌管直径16~20mm）组成。

4. 微喷

又称雾滴喷灌，是近几年来在总结喷灌与滴灌的基础上，新近研制和发展起来的一种先进灌溉技术。微喷技术比喷灌更为省水，由于雾滴细小，其适应性比喷灌更大，农作物从苗期到成长收获期全过程都适用。它利用低压水泵和管道系统输水，在低压水的作用下，通过特别设计的微型雾化喷头，把水喷射到空中，并散成细小雾滴，洒在作物枝叶上或树冠下地面的一种灌水方式，简称为微喷。微喷既可增加土壤水分，又可提高空气湿度，起到调节小气候的作用。

四、蓄水池规划

每一小单位（2～3 亩）要沿道路设 10～20m³ 蓄水池一个，按深2m、因地形确定长、宽度，用75 号砂浆砌砖，浇筑150 号混凝土池底，制安250 号混凝土盖板，钢筋制安，100 号砂浆抹面。

五、保护地规划

蔬菜基地保护地面积可根据企业财力和实际需要来确定。一般按露地菜园面积的 10%～20% 进行规划。建造时要选择避风向阳、土质肥沃、排灌方便、交通便利的地块，地块最好北高南低，坡度8°～10°为佳。保护地的主要功能是提早育苗和提早与延后栽培。因此保护地规划的内容包括育苗中心和大棚群。

（一）育苗中心

根据季节配套建设育苗温室、大棚、温床等育苗设施，夏秋季育苗应配有防虫遮阳设施，购置不同规格的专用穴盘作容器，用草炭、蛭石等轻质材料作基质，实施精量播种，通过人工控制使环境适应菜苗生长要求，培育出优质健壮、适于长途运输的菜苗，促进基地生产的标准化、规模化。育苗中心的面积根据基地大小而定，一般每亩大田需育苗场所 15～20m²。

（二）大棚群

大棚群的面积根据企业财力和实际需要而定。大棚群的朝向以南北向延长受光均匀，冬春季防寒保温好，夏秋季通风降温好。在建造时，两排棚的南北间距 4～6m，两个棚的东西间距 1.5～2.0m。以便于运输及通风换气，避免遮阴。每栋塑料大棚的面积 300m^2 左右，长度 40m，跨度 8m，长/宽 ≥ 5 较好。大棚棚高 3.2～3.5m，拱距 80～100cm，棚越高承受风的荷载越大；但过低时，棚面弧度小，易受风害和积存雨雪，有压塌棚架的危险。要根据当地条件和各类大棚的性能选择适宜的棚型。建筑材料力求坚固耐用，要求热镀锌钢管管径 25～32mm，管壁厚 1.5～1.8mm，棚膜为长寿无滴膜或 PO 膜。棚沟宽 40cm，沟深 50～60cm。并配套相应的配套设施，如小拱棚、防虫网、遮阳网、滴灌、栽培架等。

六、综合设施的规划

蔬菜基地是一个完整的生产企业，需要规划和建造必要的管理用房、生产用房及相配套的场所。这些设施建立的原则应方便生产与管理，尽量减少占用耕地，一般安排在田地中间或"依山傍水"的土坡边。占地面积依基地的大小而定，一般 1 000 亩基地需要相配套的场所占地 15～30 亩。

综合设施的规划的内容包括办公楼、员工宿舍、食堂、工具室、仓库、农残检测室、包装加工车间，冷库、停车坪、绿化带等。

七、员工的规划

在规划员工时，应明确基地的管理结构，如设置总管、场长、副厂长、技术总监、销售总监、行政总监、质检员、植保员、片长、组长等。

根据种植的蔬菜面积确定劳动用工。一般精细蔬菜每 1～1.5 亩定员 1 人，大众蔬菜每 4～5 亩定员 1 人，大棚蔬菜每 2 亩定员 1 人。

第二章　蔬菜设施育苗

育苗是蔬菜生产的一大特色，是争取农时、增多茬口、发挥地力、提早成熟、延长供应、减少病虫害和自然灾害、增加产量的一项重要措施。育苗还可节约用种，便于集中管理、培育健壮秧苗。育苗通常是在大田播种或定植适期以前提早进行，或在数九寒天的严冬与早春，或在炎热多雨的盛夏与早秋。即在气候条件不适于蔬菜生长的时期，利用保护设施创造适宜的环境来培育适龄的壮苗。一旦气候条件适合即定植于大田。常言道"苗好三成收"，可见设施育苗的重要性。蔬菜育苗方式多种多样，依育苗场所及育苗条件，可分为设施育苗和露地育苗。本章主要介绍蔬菜设施育苗。

第一节　设施床土育苗

一、培养土的配制

（一）培养土应具备的条件

用于蔬菜育苗的床土又称培养土。培养土质量的好坏对秧苗生长发育的关系很大，为了培养壮苗，要求培养土具备肥沃，疏松、呈微酸性或中性，保水排水性能良好，不带病菌、虫卵和杂草种子等条件。要使培养土具备上述优良性状，必须经过科学配制、堆沤发酵、药剂消毒等过程。

（二）培养土的原料及配比

园土，是配制培养土的主要成分，一般应占 50%～60%。选用园土要注意防止土传病害如猝倒病、立枯病，茄科的早疫病、绵疫病，瓜类的枯萎病、炭疽病的传入，一般不要使用同科蔬菜的园土。栽培过茄果类、瓜类的土壤不宜用，以种过豆类、葱蒜类蔬菜的土壤为好。因为豆类菜地中有根瘤菌，具有一定的固氮作用，能增加土壤肥沃度；葱蒜类菜地中含大量大蒜素等硫化物，有利于抑制或杀灭土壤中的病菌。如以上园土确有困难，一定要铲除表土，挖取心土。园土最好在 8 月高温时挖取，经充分烤晒后，打碎、过筛，筛好的园土应存贮于室内或用薄膜覆盖，保持干燥状态备用。

有机肥料，如人畜粪尿，其他栏粪或堆厩肥，食用菌下脚料，垃圾等，是主要的营养源，其含量应占培养土的 20% ~ 30%。这些有机肥应充分发酵腐熟后才能使用。未经腐熟的有机肥，吸附病菌较多，易侵害秧苗。所以，猪粪渣等栏粪或其他堆厩肥，必须先堆置腐熟后方可使用。或者将其与园土混合堆积起来，待完全腐熟后使用。

化学肥料，大约 1 000kg 培养土中分别加入尿素 0.5kg、NPK 复合肥 1kg，过磷酸钙或钙镁磷肥 2kg。

炭化谷壳或草木灰，能增加钾素；使土壤疏松、透气、颜色变深，多吸收太阳热能，提高土温，其含量可占培养土的 20% ~ 30%。谷壳炭化时应掌握好适宜的程度，一般应使谷壳完全炭化，但仍基本保持原形为好。如缺乏谷壳，也可用种植食用菌后的菌糠代替，与园土、厩肥一同堆沤发酵。

（三）培养土的堆沤发酵

原料准备好后，应在播种育苗前的 40 ~ 50 天进行堆沤发酵，具体作法：先在地面铺一层 20cm 厚的园土，然后用粪水浇透，再铺一层 10 ~ 13cm 厚的厩肥及其他土杂肥，又浇一层粪水。以后再按上列顺序继续加高堆肥，一般堆至 1.5m 高，然后覆盖塑料薄膜防雨保温保湿。堆沤 20 ~ 30 天后，应进行翻堆，把堆的上下层、内外层交换位置，使培养土充分腐熟，养分均匀。翻堆时，可将化学肥料加入，并视干湿情况补充水分。翻堆后继续覆盖保湿，再经 15 ~ 20 天，培养土变黑褐色，无臭味，标志已完全腐熟，堆沤结束。堆沤好的培养土应敞开晒干，过筛备用。

（四）培养土的消毒

过筛后的培养土应拌入炭化谷壳和草木灰，然后进行消毒。培养土的消毒方法主要有以下几种。

（1）40%的甲醛（即福尔马林）消毒，可杀灭猝倒病菌和菌核病菌等，一般1 000kg土壤，用40%的甲醛0.2～0.3kg对水25～30kg，喷洒后，加盖薄膜闷2～3天后揭开，再经一周待土壤中药气散发后方可使用。

（2）50%多菌灵可湿性粉剂消毒，每10m² 苗床用药40g，加水25～30kg溶解后均匀喷洒在床土上，加水量视苗床干湿而定，以湿润床土为宜。喷洒后覆盖薄膜，四周压紧密封以充分发挥药效。2～3天后，揭膜通气，待药气散发后方可播种。

二、电热温床的设置

（一）电热加温线的性能与型号

电热温床主要依靠电热加温线来提高苗床温度，而电热加温线实质上是一种电热转换的器件，是具有一定电阻率的特制电线。它的外面包有耐热性能强的乙烯树脂作为绝缘层，将其埋在一定深度的土层中，通电以后，电流通过阻力大的导体，产生一定的热量，使电能转换为热能，从而提高了土壤温度。由电热加温发出的热量逐层向外水平传递，传递距离可达25cm左右，以15cm内的热量最多，靠电热加温线接近的土温越高，反之则低。因此，要使苗床土壤中的热量分布均匀，线与线之间的距离不应超过30cm。

目前，电热温床育苗多使用上海市农业机械研究所生产的天Ⅴ型系列电热加温线。

（二）电热温床及设置场所

电热温床育苗是利用电能，使用特制的绝缘电阻丝发热，通过人工控温来提高苗床温度进行育苗的方法。电热温床设置的场所首先要考虑保温设施配套，以利保温、节能和降低育苗成本。长沙地区多在塑料大棚中设置电热温床。

（三）电热加温线及功率匹配

目前，生产上采用的电热加温线多为上海农业机械研究所或浙江温州生产的电热地加温线，每圈线的功率为 1 000W，长度 120m。电热加温线实质上是一种电热转换的器件，是具有一定电阻率的特制电线。它的外面包有耐热性能强的乙烯树脂作为绝缘层，将其埋在一定深度的土层中，通电以后，电流通过阻力大的导体，产生一定的热量，使电能转换为热能，从而提高了土壤温度。苗床加温线的匹配：一般每平方米苗床选定 80～100W 的功率，即 $10m^2$ 的苗床匹配 1 000W 加温线一根。苗床长 10m，宽 1m；一根 1 000W 加温线长 120m，可在苗床上布 12 根线，平均线距 8.3cm。当苗床需要布两根或两根以上的加温线时，必须采用并联，不得串联，也不能随意缩短或加长。

（四）电热温床布线方法及注意事项

1. 平整床底

在大棚内，按床长 10m、20m、30m，宽 1.0～1.2m 的标准作床，并把床内多余土壤铲出，将床底整平。

2. 铺隔热层

在床底铺上 5～10cm 厚的稻草作隔热层。

3. 布电热线

布线前准备若干根小竹签，布线时将小竹签按布线间距直接插在苗床两端，然后采用 3 人布线，两人在两端拉线，逐条拉紧。布线前必须考虑到电热加温线的两根引出线处于苗床的同一端，以便连接电源。$10m^2 \times 1m^2$ 苗床采用 1 000W 电热加温线 1 根，刚好绕 6 个来回；$20m^2 \times 1m^2$ 的苗床需 1 000W 电热加温线 2 根，每根线绕 3 个来回，共 6 个来回；$30m^2 \times 1m^2$ 的苗床需 1 000W 电热加温线 3 根，每根线绕 2 个来回，6 个来回；这样可以保证引出线均处于苗床的同一端。布线时应注意：①线与线之间不能重叠或交叉，更不能扭结，以防通电时烧断。②电热线不能随意接长或缩短，因其电阻和功率是额定的，否则会引起烧断。③ 2 根或 2 根以上的电热加温线铺在同一床中时，只能用并联，不可串联。

4. 通电试验

线布好后，接通电源，合上闸刀开关，通电 1～2min，如电热线变软发热，说明工作正常，即可覆盖床上；如电热线不发热，说明线路不通，应检查线路，排除故障。

5. 覆盖床

土通电试验后，应在电热线上面覆盖 8～10cm 厚的床土，即每平方米覆盖 100～125kg 床土。盖土时应注意先用部分床土将电热线分段压住，以免填土时移位，同时床土应顺着电热线延伸的方向铺放。床土覆好后，将床表面用木板刮平，以便播种。

三、苗床播种

(一) 播种时期的确定

电热温床的播种时期依栽培方式、栽培目的及通电时间的多少而定。大棚春提早栽培，茄果类应 10 月中下旬播种，培育适龄大苗过冬，2 月中旬定植于塑料棚内，黄瓜应在 2 月上旬播种，3 月中旬定植于塑料棚内。露地栽培，茄果类在 12 月下旬至元月上旬播种，4 月上旬定植于露地；黄瓜在 3 月上旬播种，4 月上旬定植于露地。另外，如果选用早熟品种，以早熟栽培为目的，可适当早播 7～10 天；选用中晚熟品种，以丰产栽培为目的，则可适当迟播 7～10 天。育苗通电时间短，幼苗生长慢，可适当早播。近年来，一些菜农探索出仅在出苗期通电，其他时期不通电，而将播种时期提早到 11 月中旬的方法，大大降低了育苗成本。

(二) 播前种子处理

目前，生产上进行种子处理的常见方法是温汤浸种和催芽。

1. 温汤浸种

温汤浸种可以杀灭潜伏在种子表面的病原菌，并促使种子吸水均匀。其具体做法是：将种子装在纱布袋中（只装半袋，以便搅动种子），一般先放在常温水中浸15min，然后转入55~60℃的温水中，水量为种子量的5~6倍，为使种子受热均匀，要不断搅动，并及时补充热水，使水温维持在所需温度之内达10~15min。随后让水温逐渐下降，继续浸泡数小时。通常茄果类种子浸泡4~5h，黄瓜、南瓜和甜瓜种子浸泡2~3h，其他瓜类种子依种壳厚薄相应延长浸泡时间。

温汤浸种要注意严格掌握水温与时间。温度偏低、时间短起不到杀菌效果；温度过高，时间太长，会烫坏种子。加热水时不要直接倾倒在种子上。浸种完毕后，要用清水将种子表面的黏液冲洗干净，沥干表面水分。

2. 催芽

催芽可使种子快速、整齐出芽，缩短在电热温床加温的时间，减少能耗。其做法是：将温汤浸过的种子用湿润细煤灰拌匀，种子与煤灰的体积比为1∶（2~3），拌匀后调节含水量至60%，即用手捏成团，松开即散为宜。然后将煤灰拌和的种子盛入容器（瓦罐、塑料袋等）中，上方或侧面留通气孔，随即放入28~30℃的恒温箱中或土温箱中催芽。催芽过程中，每隔12h查看一次，翻动种子，补充氧气和水分。一般黄瓜种子经过15~20h，番茄种子经2~3天，辣椒种子经3~4天，茄子种子经3~5天就可出芽。当发现有75%的种子出芽（粉嘴）时，即可播种。

3. 播种

播种宜选晴天或寒潮刚过，即将转暖的天气进行。催芽开始时，掌握天气变化的动态，以保证播种时天气较好。播种前先在整平的床面上浇足底水，待水渗下后，撒一薄层药土（药土配合比例按重量计，1份药剂拌和1 000份土。常用农药有五氯硝基苯，敌克松、福美双等），然后开始播种。每平方米播种量依作物种类而有所不同，番茄8~10g，辣椒15~20g，茄子10g，黄瓜40~50g。茄果类、黄瓜幼苗均需假植，故一般采用撒播法，将发芽种子连同煤灰均匀地撒播于苗床上，然后及时覆上0.5~1.0cm厚的盖籽培养土，并用洒水壶喷上一层薄水，冲出来的种子再用培养土覆没。为增加保温保湿效果，床面盖上一层地膜后，再设置塑料小拱棚，形成地膜、小拱棚、大棚三层配套覆盖保温。

四、幼苗培育管理

（一）播种床管理

是指播种到分苗这段时期的管理，可分为 3 个时期进行。

1. 出苗期

从播种到子叶微展，一般需经 3～5 天，管理上主要维持较高的温度和湿度。播种后一般不通风，温度保持在 25～30℃为宜，空气相对湿度在 80% 以上，以减少床土蒸发。如发现底水不足，应及时补水。播种第 3 天后，幼苗开始拱土，如发现幼苗"戴帽"，可采取补救措施，若覆土过薄，应补加盖土；若表土过干，应喷水帮助脱壳。当发现小部分幼苗拱土时，不要马上揭掉地膜，否则会造成出苗不整齐，应等大部分幼苗子叶出土，方可揭掉地膜，但也不能揭膜过迟，以免形成"高脚苗"。

2. 破心期

从子叶微展到心叶长出，一般需经一个星期左右或更长些。其生长特点是幼苗转入绿化阶段，生长速度减慢，子叶开始光合作用，有适量干物质积累。此期管理上主要保证秧苗的稳健生长。主要措施有 4 种。

（1）降低床温。辣椒和茄子白天控制在 18～20℃，夜间控制在 14～16℃；黄瓜和番茄床温控制应比辣椒、茄子低 2℃左右。在降温的同时，要严防秧苗受冻，因破心期的秧苗一旦受冻就很难恢复，甚至形成"秃顶苗"。

（2）降低湿度。若床土过湿，幼苗须根少，幼苗下胚轴伸长过快，造成徒长，同时易诱发猝倒、灰霉等病害。床土湿度一般控制在持水量 60%～80% 为宜。在湿度过大的情况下，可采取通气，控制浇水，撒干细土等措施来降低湿度，使床土表面"露白"，做到不"露白"不喷水，这样既可以控制下胚轴的伸长，又可促进根系向下深扎。空气湿度也不能过高，一般相对湿度以60%～70%为宜。降低空气湿度的主要方法是通风，通风时注意通气口一定要背风向。

（3）加强光照。光照充足是提高绿化期秧苗素质的重要保证，因此在保证绿化的适宜温度条件下，应尽可能使幼苗多见阳光。在温度不太低的情况下，上午尽量早揭棚内薄膜，下午尽可能延迟盖膜。

（4）及时间苗。以防幼苗拥挤和下胚轴伸长过快而形成"高脚苗"。

3. 基本营养生长期

此时期内幼苗主要进行营养生长，相对生长率较高，尤其是根重增加迅速，这一时期的长短，除瓜类外，辣椒、番茄需经20～30天。其管理的基本原则是：在经历了破心期的"控"管理后，又要转入"促"的管理，主要采取如下"促"的措施。

（1）适当提高床温。即将床温较破心期提高2～3℃，并采取变温管理，白天温度偏高（20～23℃），夜间温度稍低（13～16℃）。

（2）加强光合作用。在这一生长期中，要大量积累养分。因此必须增加光照以加强光合作用。一般在无人工补光的情况下，遇晴朗天气尽可能通风见光，阴雨天也要选中午前后适当通风见光。

（3）在水分管理上，要保证床土表面呈半干半湿状态。这就要求在床土表面尚未露白时必须马上浇水。一般在正常的晴朗天气，每隔2～3天应浇水一次，每次每平方米浇水量为0.5kg左右。这样能保证床土表面湿中有干、干湿交替，对预防猝倒病与灰霉病能起到较好的作用。

（4）适当追肥。如果床土养分不够，秧苗生长细弱，应结合浇水进行追肥，追肥可选用0.1%的NPK复合肥液或20%～30%的腐熟人粪尿水。

（5）炼苗为提高秧苗抗性和适应分苗后的环境条件，一般在分苗前2～3天应逐渐通风降温，以便对秧苗进行适应性锻炼。

（二）分苗

分苗又称假植或排苗。它是为了防止幼苗拥挤徒长，扩大苗间距离，增加营养面积，满足秧苗生长发育所需的光照和营养条件，促使秧苗进一步生长发育，使幼苗茎粗壮，节间短，叶色浓绿、根系发达，是培育壮苗的根本措施。

1. 苗床准备

分苗床应早作准备，只能床等苗，不能苗等床。一般应于分苗期半月作好准备，整好地，施足底肥，用塑料薄膜覆盖保持床土干燥。

2. 分苗时期

分苗时期应根据气候状况和秧苗的形态指标来确定。开春后，气候转暖，不出现大的起伏，就可开始分苗；从秧苗的形态指标来看，黄瓜以二子叶一心，茄果类以3～4片真叶为分苗适期。

3. 分苗密度

分苗密度依种类不同而异。据试验，分苗密度与作物的前期产量关系极大，一般苗距加大，前期产量提高明显，能获得较高的产量。因此，在分苗床充足的情况下，适当稀分苗，有利于培育健壮秧苗，具体的分苗密度：黄瓜、番茄10cm×10cm，茄子8cm×8cm，辣椒6.5cm×6.5cm。

4. 分苗方法

分苗应看准天气，选准"冷尾暖头"、晴朗无风的日子，抓紧在中午前后完成。分苗前半天应浇水于苗床，以便掘苗，多带土，少伤根。分苗时最好将大小苗分开栽，便于管理。分苗宜浅，一般以子叶出土面1～2cm为准。分苗后要把根部土壤培紧，并及时浇定根水。除采用苗床分苗外，近年来，穴盘和营养钵分苗在茄果类、瓜类蔬菜育苗中广泛采用。穴盘和营养钵育苗可以缩短秧苗定植到大田的缓苗期，定植后马上成活，加快植株的生长发育，是夺取果菜类早熟丰产的重要措施，常见的营养钵有塑料钵、纸钵、草钵等，其上口径9cm，下底直径7cm，高约9cm。无论是苗床分苗还是穴盘和营养钵分苗，分苗后均必须用塑料小拱棚覆盖防寒。

（三）分苗床的管理

秧苗在分苗床的生长时间较长，一般可分为 3 个时期进行管理。

1. 缓苗期

分苗后，幼苗根系受到一定程度的损伤，需要 4～7 天才能恢复，称缓苗期。这段时期在管理上要维持较高床温，力求地温在 18～22℃，气温白天 25～30℃，夜间 20℃。同时要闷棚，基本不通风，以保持较高的空气湿度，减少植株蒸腾，防止幼苗失水过多而严重萎蔫，从而促进伤口的愈合和新根的发生。

2. 旺盛生长期

此期幼苗的生长量大，生长速度快，叶面积增长迅速，营养生长与生殖生长同时进行。在管理上要提供适宜的温度，强的光照，充足的水分和养分，并体现促中有控，促之稳健生长。幼苗恢复生长后，控温指标应比缓苗期略低，一般气温降低 4～5℃，地温降低 2℃左右。并要多通风见光，提高幼苗的光合效率，还要保证水分和养分的供应。在正常的晴朗天气，2～3 天浇水一次，阴雨天气 4～5 天浇水一次，严防床土"露白"。浇水要结合追肥，可用 0.2% 的 NPK 复合肥和 30% 左右的腐熟人粪尿浇泼。

3. 炼苗期

为提高幼苗对定植后环境的适应能力，缩短定植后的缓苗时间，在定植前的一个星期左右应进行秧苗锻炼。具体措施如下。

（1）降低床温白天气温可降至 18～20℃，夜间 13～15℃。

（2）控制水分炼苗期一般不再浇水，促使床土"露白"。

（3）揭膜通风开始炼苗时，先揭去部分薄膜；随着炼苗时间延长，应逐步揭开，至最后全部揭开薄膜，使之完全适应露地环境。

（4）带药下大田定植前一天应打一次药，严防带病、带虫下大田。

五、苗床病虫害防治

苗床病害主要有 3 种，即猝倒病、立枯病和灰霉病。猝倒病是发生最广，最快，也是危害最大的一种病害。主要表现为幼苗茎基部缢缩，成片倒苗。低温高湿是发病的主要条件。一是加强通风，降低苗床湿度，二是药剂防治。清除病苗，用干土（不可用草木灰，碱性会使某些农药失效）拌苗床消毒剂，或壮苗素，或雷多米尔、疫霜灵、甲基托布津、多菌灵等的粉剂撒于发病区，苗床不大时可全撒一遍。撒药粉应在下午苗上不带水珠时进行，以免药粉黏附于叶片上。

立枯病表现为茎基部萎缩，幼苗干枯。防治方法可参照猝倒病。灰霉病表现为叶片或茎部产生霉状物，坏死。发病因素低温高湿。

特别是空气湿度大更易发病。防治方法用速克宁或腐霉利喷雾防治，最好用腐霉利烟雾剂熏蒸。

生理性沤根病害。主要表现为幼苗外观正常，但晴天萎蔫，与缺水类似，拔出苗后可观察到根系死亡，应注意观察识别。主要原因是土温过低，根系死亡。防止沤根的措施主要是加强苗床覆盖保温，如果已铺电热线，在长时期低温阴雨时可适当通电加温。

虫害主要是蚜虫、粉虱和斑潜蝇。蚜虫用吡虫、粉虱用联苯菊酯或呋虫胺、斑潜蝇用 75% 灭蝇胺可湿性粉剂 3 000 倍液或 10% 灭蝇胺悬浮剂 800 倍液喷雾防治。

第二节　设施穴盘育苗

穴盘育苗是以硬质塑料穴盘为容器，以草炭、蛭石等轻基质材料做育苗基质，采用机械化或人工精量播种，一次成苗的现代育苗技术。穴盘育苗具有幼苗生长快，育苗周期短；占地面积小，育苗效率高；根系较发达，成苗素质好；基质不带菌，无土传病害；可长途运输，移植易成活等优点，因此在生产上广泛应用。

一、穴盘的规格

穴盘一般采用硬质塑料加工制成，在塑料育苗穴盘上具有许多上大下小的倒梯形或圆形的小穴，根据穴孔数量不同，穴盘分为32孔、50孔、72孔、128孔、288孔等不同规格。目前常用的穴盘长为54.4cm、宽27.9cm、高3.5~5.5cm。

不同规格的穴盘对秧苗生长及适宜苗龄等影响很大，育苗孔大（每盘孔穴数少），有利于秧苗生长，但基质用量大、生产成本高，而育苗孔小（每盘孔穴数多），则穴盘苗对基质湿度、养分、氧气、pH值等的变化敏感，同时使得秧苗对光线和养分的竞争更加剧烈，不利于种苗生长，但相对基质用量少，生产成本较低。因而育苗生产中应根据蔬菜种类、秧苗大小、不同季节生长速度、苗龄长短等因素来选择适当的穴盘。辣椒育苗夏季用50孔穴盘，而冬季用72孔穴盘较为合适。瓜类夏季一般采用32孔穴盘，而冬季使用50孔穴盘。芹菜、甘蓝等多用128孔穴盘。

穴盘可重复使用，每次使用前要消毒处理。穴盘消毒可用高锰酸钾1 000倍液浸泡1h，或用百菌清500倍液浸泡5h，还可用多菌灵500倍液浸泡12h。

二、育苗基质

目前用于穴盘育苗的基质材料有珍珠岩、草炭（泥炭）、蛭石、堆肥、腐叶土、稻壳熏炭、菇渣、椰子纤维、苇末、细炉渣等。有些基质可以单独使用，如草炭（泥炭），但大多数基质以不同配比混合利用效果较好。因为各种基质的理化性质不同，经混配后，可以达到互补的效应，使其理化性质更符合育苗的要求。基质的混合使用，以2~3种混合为宜。如草炭和蛭石混合使用，各占50%，是目前我国生产上应用较好的混合基质。商业育苗基质一般采用草炭加蛭石或草炭加蛭石加珍珠岩。基质的配比如下：草炭∶蛭石为2∶1或3∶1；草炭∶蛭石∶珍珠岩为2∶1∶1。自配育苗基质可以采用菌渣加细沙、芦末加细沙或蛭石、木屑加细沙或蛭石。基质配方为：菌渣∶细河沙∶珍珠岩（体积比）为2∶1∶1；芦苇末∶细河沙∶珍珠岩（体积比）为2∶1∶1。

使用商品性基质或新购买的草炭和珍珠岩，一般不需要进行消毒处理，但自己配制的基质在使用前则要进行消毒处理。每立方米基质用恶霉灵原药3g对水3~5L充分拌匀，均匀洒在基质上。为保证整个苗期的养分供应，每立方米混合基质中需加入复合肥1.2kg、钙镁磷肥2kg，拌匀备用。

三、穴盘育苗工序

（一）苗床准备

平整床底后铺隔热层，布电热线，布线后用少许土盖住电热线，然后摆放穴盘，装基质并刮平，浇足底水，待播种。

（二）浸种催芽

采用温汤浸种，将种子放入50~60℃温水中浸泡10min，然后转至25~30℃温水中浸泡4~6h，使种子充分吸水。然后取出，用湿棉布或毛巾将浸好的种子包好，进行催芽，温度控制在25~30℃，待种子露白即可播种。

（三）播种

先在穴盘上打孔，然后进行人工点播，用镊子将种子放入孔穴中，每孔点播1粒，盖好基质后随即覆盖地膜，再加盖小拱棚保温保湿。

（四）育苗管理

经过催芽处理的种子一般2~3天就可以出芽，一定要及时揭膜，以防止产生高脚苗，若发现"戴帽"出土的幼苗，及时把种壳去掉。温度与幼苗的生长有较大关系，温度过低，生长缓慢或停滞，形成僵苗；温度过高，则生长过快，易造成徒长。幼苗管理应掌握"两高两低"的原则，即播种后至出苗前温度高些，以加速出齐苗；出苗后到第1片真叶展开前适当降低苗床温度，防止秧苗徒长形成高脚苗；第1片真叶长出后至移栽前1周，适当提高温度促进生长；移栽前 1 周适当降低温度进行炼苗，以提高幼苗适应性和抗逆性，培育壮苗，缩短缓苗时间，加快恢复生长。

苗期尽量不宜频繁浇水，以防徒长成高脚苗，基质宜干不宜湿。阴雨天，日照不足、湿度高时，不宜浇水；一般上午浇水，晚上浇水易徒长。穴盘中央的幼苗容易互相遮光，并因湿度高造成徒长，而穴盘边缘的幼苗通风较好而易失水，因此，浇水时要注意浇匀。定植前，控水、控湿进行炼苗，以增强幼苗抗逆性，提高定植成活率。

因为植物具有向光性和趋光性，所以要保证幼苗光照均匀，防止幼苗向一侧生长，同时还要保证一定量的光照，有条件的可以在阴天给幼苗补光，从而达到壮苗的目的。

四、苗期病虫害防治

苗期病虫害防治参照本章第一节。

第三节　设施漂浮育苗

漂浮育苗是将装有轻质育苗基质的泡沫穴盘漂浮于营养液上，种子播于基质中，秧苗在育苗基质中扎根生长，并能从基质和营养液中吸收水分和养分的育苗方法。除具有穴盘育苗的优点外，还具有秧苗生长均匀整齐、管理方便，省工省力、便于规模化、专业化、商品化生产等优点。

一、漂浮盘的规格

漂浮盘一般为模压泡沫塑料制成的孔型泡沫穴盘，长 68cm，宽 34cm，厚 5.5cm。目前有 78、108、128、162、200 孔等规格，可重复使用。一般茄果类和叶类蔬菜选用 200 孔，瓜类蔬菜选用 78 孔和 108 孔。

二、育苗基质

育苗基质应选用疏松透气的轻质材料，如蛭石、草炭土、膨化珍珠岩等粉碎配制而成，再经杀虫灭菌处理后备用。经多次试验筛选，发现将炭化谷壳、草炭及珍珠岩或炭化谷壳、食用菌渣及珍珠岩，按2:1:1体积比配成的基质较适合漂浮育苗。另外，为求便利，可选用蔬菜育苗专用基质，如水上漂专用育苗基质、鲁青育苗基质等。

三、漂浮盘育苗工序

（一）漂浮池构建

漂浮池应建在地势平坦、向阳、地温回升快、靠近水源、排灌和管理方便的大棚内。由红砖磊成，内宽136cm，长依棚长而定，池底要平整，内铺黑色塑料薄膜防渗漏。营养池长、宽设计原则是刚好能摆放漂浮盘覆盖营养池，水面不能暴露在阳光下，以防滋生藻类，池与池之间要设立过道便于管理和运苗。

（二）营养液的配制

营配制营养液的水最好为井水，自来水要静置1~2天后方可使用，pH值要求稳定在6.0~7.0。配制营养液的肥料可选用育苗专用肥，也可使用水溶性复合肥。营养液配方如下：配制1t营养液加入硝酸钙950g、硝酸钾810g、磷酸二氢铵150g、硫酸镁500g、硼酸2.9g、硫酸锰2.1g、硫酸锌0.22g、硫酸铜0.05g、钼酸钠0.025g、EDTA钠铁25g。

（三）育苗盘准备

1. 育苗盘消毒

漂浮盘可重复使用，每次使用前要消毒处理，消毒可用0.1%~0.5%高锰酸钾溶液浸泡苗盘4h以上；或用1%~2%福尔马林液喷湿苗盘，然后用塑料薄膜覆盖24h；还可用10%漂白液浸泡10~20min，然后用清水洗净取出晾干备用。

2. 基质装盘

在地上铺一层干净薄膜，将基质倒在上面，然后喷水调整基质湿度（含水量为60%，水中可对入百菌清200g/m³进行基质消毒），达到"手握成团、触之即散"的效果。将湿润的基质盛在育苗盘上，使之填满孔穴，装后轻墩苗盘使基质稍紧实，然后用压孔板压出均匀的播种孔。

（四）播种

每孔播 1~2 粒种子，种子要放在孔的正中，每盘播完后在漂浮盘上均匀撒盖一薄层基质盖面。覆盖基质应厚薄均匀一致，以使出苗整齐，太薄容易使种子戴帽出土，太厚易使植株间上面根系互相串联影响根系正常生长。

（五）上池

漂浮池经消毒后，放入营养液，液深 8~10cm。然后将播好种的漂浮盘放入漂浮池中充分吸水，确保吸水充足均衡。再根据季节不同覆盖地膜和小拱棚保温保湿或覆盖遮阳网降温保湿。

（六）育苗管理

1. 营养液管理

不同蔬菜种类及发育阶段对肥料的需求量不同。在生产实际中，应根据幼苗的长势、种类、发育阶段等追施不同浓度的复合肥。整个育苗期间视苗情追施 1~2 次复合肥，浓度按含氮 150~200mg/m^3 计算，追肥时施肥时应先将肥料溶于水中搅匀，肥料溶于水桶中，然后均匀倒入水池中。根据苗的颜色判断是否应该施肥，若颜色呈淡绿色或黄绿色，表明 N 素浓度过低要加入适量肥料或喷施叶面肥；若颜色呈深绿色或墨色绿，表明 N 素浓度过高，应加入适量清水。

2. 温湿度管理

温湿度控制是苗期技术管理的关键，温度过高容易造成徒长苗，温度过低又不利于幼苗生长。温度偏高时，及时打开育苗棚两端薄膜，通风换气，夏秋高温季节可覆盖遮阳网降温，冬春育苗可覆盖多层薄膜保温。湿度一般不宜过大，经常通风换气，保证空气流通。

3. 间苗和定苗

当幼苗长出真叶后，开始间苗、补苗，拔去小苗、弱苗，保证每穴 1 苗。发现病害株要及时除去。

4. 苗期病虫害防治

漂浮育苗只要在播种前进行严格消毒和规范管理，一般很少发生病虫害。一旦发现病株及时拔除，并根据为害病原喷药防治。一般冬春季节容易发生猝倒病、疫病，灰霉病；夏秋高温季节容易发生病毒病、蚜虫等，针对不同季节提前预防。

5. 漂浮池青苔的防治

一般按每标准苗床 10 ~ 15g 硫酸铜来防治青苔。在实际生产中，应根据青苔发生量适当增减硫酸铜用量。

6. 炼苗秧

苗移栽前 7 ~ 10 天，可采取增加通风和控水控肥进行炼苗，以便提高移栽成活率。适当炼苗，不仅可以促使秧苗茎秆粗壮，防止出现高茎弱苗，有利于提高秧苗的抗性。

第三章　设施蔬菜栽培技术

20世纪90年代以来我国设施蔬菜生产迅猛发展，目前设施蔬菜面积已突破5 000万亩，不仅丰富了菜篮子，解决了蔬菜的均衡上市和周年供应问题，而且促进了城乡就业和农民增收。由于设施蔬菜的超时令和反季节供应，往往卖价好，不愁销，亩均效益高达数万元。本章主要介绍大棚茄果类、瓜类、豆类、花菜类、叶菜类栽培。

第一节　设施蔬菜高效栽培茬口模式

为提高蔬菜设施栽培的种植效益，笔者根据湖南省气候条件和各种设施结构性能，进行了蔬菜一年多茬栽培试验与示范，经过几年摸索，结合菜农经验总结出以下几种高效茬口模式。

模式一　瓜类春提早栽培＋茄果类秋延后栽培

案例1　黄瓜于2月上旬在大棚内采用电热加温穴盘育苗，3月上中旬选择晴天下午定植，三膜覆盖保温，吊蔓栽培，4月下旬始收，6月中下旬罢园。7月深耕烤土，辣椒于7月中旬采用穴盘播种育苗，8月中下旬择阴天下午定植，以挂树贮藏延后上市为目的，以采收红椒为主，一般红一批采一批。

案例2　丝瓜或苦瓜2月上中旬在大棚内采用电热加温穴盘育苗，3月上中旬选择晴天下午定植，三膜覆盖保温，吊蔓栽培，5月上旬始收，7月中旬罢园。7月下旬至8月上旬深耕烤土，番茄于7月下旬采用穴盘播种育苗，8月下旬至9月初选择阴天下午或傍晚时定植，单蔓整枝，吊蔓栽培。10月上旬始收，12月初罢园。

案例3　厚皮甜瓜或小西瓜于2月下旬在大棚内采用电热加温穴盘育苗，3月中旬选择晴天下午定植，三膜覆盖保温，吊蔓栽培，5月下旬至6月上旬采收，6月中旬罢园。6月下旬至7月中旬深耕烤土，茄子于6月中下旬采用遮荫设施穴盘播种育苗，8月上旬选阴天或晴天下午定植，9月中下旬始收，11月底罢园。

模式二　茄果类春提早栽培 + 瓜类秋延后栽培 + 花菜越冬栽培

案例1　辣椒于10月上中旬采用大棚冷床穴盘育苗，2月中下旬抢晴天定植，三膜覆盖保温，4月下旬始收，7月上旬罢园。7月深耕烤土，厚皮甜瓜于7月上中旬采用穴盘播种育苗，7月下旬选阴天或晴天下午定植，吊蔓栽培，10月上中旬收获。松花菜于9月中旬穴盘育苗，10月下旬移栽，元月下旬至2月上旬收获。

案例2　茄子于10月上中旬采用大棚冷床穴盘育苗，2月中下旬抢晴天定植，三膜覆盖保温，4月下旬始收，7月上旬罢园。7月深耕烤土，小西瓜于7月中下旬采用穴盘播种育苗，8月上中旬选阴天或晴天下午定植，吊蔓栽培，10月上中旬收获。花菜于9月中旬穴盘育苗，10月下旬移栽，元月下旬至2月上旬收获。

案例3　番茄于10月上中旬采用大棚冷床穴盘育苗，2月中下旬抢晴天定植，三膜覆盖保温，5月中旬始收，7月上旬罢园。7月深耕烤土，黄瓜于8月中旬采用穴盘播种育苗，8月下旬选阴天或晴天下午定植，吊蔓栽培，10月上旬始收，11月底罢园。松花菜于10月上旬穴盘育苗，10月下旬移栽，2月上中旬收获。

模式三　辣椒长季节栽培（夏季修剪） + 花菜越冬栽培

辣椒于10月上中旬采用大棚冷床穴盘育苗，2月中下旬抢晴天定植，三膜覆盖保温，采用水肥一体化设备，4月下旬始收，7月中旬修剪，7月下旬至8月上旬萌发新枝，8月中旬至10月中旬开花结果，9月中旬至11月底采收，全年采收期150天。花菜于10月上旬穴盘育苗，10月下旬移栽，2月上中旬收获。

模式四　早春叶菜+藤蕹+耐寒叶菜

苋菜或蕹菜2月中旬播种，三膜三膜覆盖保温，3月下旬至4月收获；5月扦插藤蕹或叶用红薯，6—9月分次多批采收；10月撒播冬寒菜、菠菜、芫荽、芹菜、水芹菜等耐寒叶菜，12月至春节前后分批采收。

第二节　设施辣椒栽培

一、春提早栽培

（一）品种选择

宜选择耐寒性较强，极早熟，早期挂果多，株形紧凑，适于高度密植的品种。目前适于湖南省春提早栽培的主要辣椒品种有博辣红牛、兴蔬301、兴蔬215、兴蔬皱皮辣、湘研15号、湘辣18号、湘研翠剑、湘研812、湘研旋秀。

（二）早育壮苗

大棚提早栽培10月上中旬播种，亩用种量25～30g。育苗方式为大棚冷床穴盘育苗：在大棚内按1.7m宽建苗床，整平床底，随后将50或72孔穴盘装好育苗基质后成3排整齐置于苗床上，浇足底水，然后打孔播种，每孔播种1粒，盖好基质后随即覆盖地膜，再加盖小拱棚保温保湿，维持床温25℃左右。70%幼苗出土及时揭开地膜，随后降温降湿，加强光照。保持床温16～20℃，气温20～25℃，做到尽量降低基质湿度，基质不现白不打水，促使幼苗根系下扎，同时以防猝倒病发生。待幼苗子叶充分展开破心时，加强肥水管理，以干湿交替为原则，促进地上部真叶生长。白天床温15℃以上时揭开小拱棚，夜晚盖上保温。注意病虫害防治，辣椒苗期病害主要是灰霉病与炭疽病，可分别用速克宁和甲基托布津喷雾防治，每隔 15 天喷 1 次。为害辣椒幼苗的虫害主要是蚜虫，可用吡虫啉喷雾防治。定植前 5~7 天，将温度逐渐降低至 13~15℃并控水进行炼苗。壮苗标准：5~6 片真叶，株高 15~20cm，叶色浓绿，茎秆粗壮，节间短，根系发达。

（三）整地施肥

于前作收获后土壤翻耕前，每亩撒施生石灰 100~150kg 进行土壤消毒。土壤翻耕后，每亩撒施饼肥 100~150kg 或商品有机肥 300kg、硫酸钾型复合肥 50kg、钙镁磷肥 50kg。将肥料与土壤混匀，然后进行整地作畦，8m 宽大棚作畦 5 块，畦面宽 80cm，略呈龟背形，沟宽 60cm，沟深 30cm，整地后每畦铺设滴灌一条，随即覆盖无色透明地膜。整地施肥工作应于移栽前 1 周完成。

（四）提早定植、合理密植

越冬大苗应提早在 2 月中下旬抢晴天定植在大棚内。每畦栽双行，行株距 45cm×40cm，每亩栽植 2 000 株。定植后立即浇上压蔸水，并用土杂肥封严定植孔。若棚内气温低，要加盖小拱棚保温促进生根发苗。

（五）田间管理

1. 及时揭盖棚膜、调节温湿度

定植后以闭棚保温保湿为主，促苗成活，早生快发。当晴天气温回升快时，应于中午前后 2h 揭膜或卷膜通风，阴雨寒潮天气则闭棚保温，若阴雨时间长，棚内湿度大，要注意短时间揭膜或卷膜通风，排除湿气，做到勤揭勤盖。当气温稳定通过 15℃以上时，应拆除棚内小棚，加强大棚卷膜通风，无风雨的夜晚大棚两边卷膜不放下，促苗稳健生长。当气温稳定在 20℃以上时可把卷膜全打开，但天膜不拆除，仍可作避雨之用，以防连续阴雨造成田间湿度大，诱发病害流行。

2. 植株调控、激素保果

大棚栽培辣椒由于紫外光透入少，植株生长过旺，枝细节长叶茂，容易倒伏。可喷施 50% 正常浓度的多效唑进行抑制，促使植株健壮生长。辣椒进入初果期后，茎部侧芽萌发多，既消耗养分，又影响通风透光，应及时抹除，一般连续抹二次即可。大棚辣椒结果早，前期气温偏低，常因低温而引起落花落果，可喷辣椒防落保果膨大拉长素或辣椒保花膨大素进行保花保果。辣椒结果后会使植株因负荷过重而出现倒伏，应及时在畦两边各立一排竹棍并拉绳将植株固定在畦内不倒伏即可。

3. 肥水管理

肥水管理原则：浇果不浇花。生长前期视生长情况半月用滴灌追肥一次；开花期严格控制肥水；结果期每半月用滴灌追肥一次；追肥最好用全量冲施水，施用浓度 0.2% ~ 0.3%。

4. 及时喷药，预防病虫害

辣椒的主要病害有疮痂病、炭疽病、疫病、病毒病、白绢病、青枯病等。对于病害，重在预防，及早喷药，有病无病先喷药。防治疮痂病用农用链霉素、炭疽病用可杀得叁仟或甲基托布津或百菌清、病毒病用盐酸马啉呱（病毒 A）或宁南霉素、均为叶面喷雾。对于白绢病、青枯病重在预防和加强土壤消毒，多施石灰等。或在发病初期分别用 50% 多菌灵 500 倍液淋蔸或用 40% 三唑酮多菌灵可湿性粉剂 800 ~ 1 000 倍液作定根水淋施，或用 20% 利克菌（甲基立枯磷）乳油 1 000 倍液喷雾或灌根。每 10 ~ 15 天 1 次，连续防治 2 次。

辣椒的虫害主要有蚜虫、棉铃虫、茶黄螨、白粉虱和红蜘蛛等。蚜虫除为害叶片和花蕾外，尚可传染病毒病，应及早用吡虫啉、大功臣喷雾防治；棉铃虫为害辣椒果实，可用功夫或抑太保等溴氰菊酯类农药防治，宜在盛花期喷雾；茶黄螨为害辣椒生长点，引起生长点叶片卷曲、枯死，可用达螨酮、克螨特喷雾预防。白粉虱发生初期在大棚内张挂白粉虱粘虫板（30 张/棚）进行诱杀，发生盛期采用联苯菊酯或呋虫胺叶面喷雾杀卵和白粉虱烟雾剂熏蒸。红蜘蛛发生初期释放捕食螨预防，发生盛期用螺虫乙酯和乙螨唑叶面喷雾或红蜘蛛烟雾剂熏蒸。

（六）及时采摘上市

大棚春提早栽培辣椒于4月中下旬青椒就开始成熟，要早摘，勤摘，既抢市场价格，又促后续果实的发育，一般每隔1周应采收一次。

二、秋延后栽培

（一）品种选择

宜选用耐热、抗旱、抗病毒病、疫病能力强、果实大且坐果集中、耐贮运、红熟速度快、红果颜色深、适销对路的品种。

大果微辣泡椒品种有湘研812、湘研805、湘研美玉、墨秀3号、绿箭；牛角椒品种有兴蔬215、湘研15号、丰抗21、兴蔬青翠；长线椒品种有湘辣14号、湘辣16号、博辣娇红、湘研青剑。

（二）培育壮苗

1. 适时播种

延后辣椒栽培的播种期，对其产量的形成具有较大的影响。播种过早，受高温干燥气候的影响，病虫害严重。播种过迟，则缩短了适宜于辣椒生长发育的时间，不利于产量的提高。一般以7月中旬播种为宜，亩用种量25~30g。

2. 大棚穴盘育苗

采用营养基质穴盘湿润法育苗，将装有轻质育苗基质的穴盘（50孔）放入浅水营养池中，浇足底水，然后打孔播种，每穴播种1粒，盖好基质后随即覆盖遮阳网保湿。5~6天幼苗开始拱土即揭开遮阳网，秧苗在育苗基质中扎根生长，并能从基质和营养液中吸收水分和养分。该方法除具有穴盘育苗的优点外，还具有秧苗生长均匀整齐、管理方便、省工省力、便于规模化、专业化、商品化生产等优点。

3. 及时防病治虫

苗期每隔10天喷盐酸马啉呱或宁南霉素预防病毒病；喷达螨灵或霸螨灵预防茶黄螨，发生蚜虫和白粉虱时要及时用吡虫啉和联苯菊酯喷雾防治。

4. 遮阳避雨

育苗期间正值高温、强光、暴雨季节，秧苗易受高温强光暴雨危害。注意搞好遮阳降温和避雨防病工作。

5. 壮苗标准

苗龄在 25~30 天，株高 15cm 左右，茎粗 0.3cm 以上，叶片 6~8 真叶，叶色浓绿，根系发育良好，布满整个基质。

（三）深耕烤土，开好棚沟

于 7 月底或 8 月初深耕烤土，要求深耕破底，沟要开得深，一般大棚围沟深 0.6m 左右，棚中畦沟深 0.3m。这样能提高土壤排水、增温、通气能力，创造有利于辣椒生长，不利于病虫害发生的环境。

（四）施足基肥，整地覆膜

基肥用人畜粪、饼肥、土杂肥和适量的复合肥、钙镁磷肥沤制而成。一般每亩用猪牛粪 1 500kg、饼肥 100kg 或商品有机肥 250kg、硫酸钾型复合肥 50kg、钙镁磷肥 50kg。将肥料与土杂肥混合经堆制发酵后，撒施于土中，将肥料与土壤混匀后精细整地作畦，作畦方式参照春提早栽培执行，注意畦面改用银黑双色地膜覆盖。

（五）适时移栽，合理密植

移栽期一般控制在 8 月 15—25 日，以 8 月 20 日左右移栽完较好。在不影响季节的情况下最好是选阴天移栽。晴天移栽，要选在傍晚天气较凉的时候，有条件的，可在大棚膜上加盖遮阳网；定植密度则根据品种和土壤肥力情况而定。苗架小的品种宜密，苗架大的品种宜稀，瘦土宜密，肥土宜稀。一般每畦栽双行，行株距 45cm×40cm，每亩栽植 2 000 株。定植后立即浇上压蔸水，并用土杂肥封严定植孔。

（六）田间管理

1. 及时揭盖棚膜

棚膜一般在辣椒移栽前就要盖好。但 10 月上旬前因温度较高，所以棚四周的膜基本上是敞开的，只是在风雨较大的情况下，才将膜盖上，以防雨水冲刷辣椒引起发病，雨停后又要及时将膜揭开。

到10月下旬，当白天棚内温度降到25℃以下时，棚膜开始关闭，但要经常注意温度的变化，当棚内温度高于25℃以上时，要开始揭膜通风。阴雨天棚内湿度大时，可在气温较高的中午通风1～2h。

当最低气温降到10℃以下时，夜晚要在棚内加小拱棚和保温覆盖物，白天要揭去覆盖物让植株通风见光。否则，植株及果实容易受霜冻且易染灰霉病。

2. 及早防病治虫

大棚秋延后辣椒栽培中发生普遍、为害严重的主要病害是前期高温诱发的病毒病和后期低温高湿诱发的灰霉病；虫害主要有茶蟥螨、青虫、蚜虫、白粉虱、红蜘蛛等。

病毒病的防治主要抓好两点：一是及时防治好蚜虫的发生，因为蚜虫是病毒病的传播者。二是用盐酸马啉呱或宁南霉素喷雾预防。特别要注意抓好苗期病毒病的防治，一般是在苗期喷2次，开花期和坐果期各喷一次。

灰霉病主要发生在生长后期，由低温高湿造成防治方法是用50%的速克灵可湿性粉剂1 000倍液或腐霉利500倍液喷雾。也可灰霉病专用烟雾剂闭棚熏蒸防治。

茶蟥螨为害辣椒生长点，引起生长点叶片卷曲、枯死。对其防治一定要抓住害虫初发期，否则，一旦扩散后就难以控制。可用达螨酮、克螨特喷雾预防。

青虫为害叶片和花蕾，可用功夫或抑太保等溴氰菊酯类农药防治；白粉虱和红红蜘蛛的防治参照春提早栽培。

3. 植株调控

参照春提早栽培。

4. 肥水管理

参照春提早栽培。

5. 严防鼠害

鼠害是大棚延后栽培辣椒值得注意的问题。其防治方法一是在棚内的四周放敌鼠钠盐诱杀。二是将棚膜用土压实，防治老鼠进入棚内。

（七）挂树贮藏，适时采摘

大棚延后栽培辣椒主要以挂树贮藏延后上市为目的，以采收红椒为主。但对门椒、对椒达到商品成熟度时及时采收上市，以免影响植株和后续果实的生长而降低产量，对椒以上的果实一般红一批采一批。

第三节　设施番茄栽培

一、春提早栽培

（一）品种选择

选择适应当地生态条件的优质、高产、抗病、抗逆性强、适应性广、商品性好、产销对路、耐贮运品种。栽培大番茄宜选用以色列金刚果石头番茄、浙粉 202、金棚一号、赣番茄 2 号等品种；栽培小番茄宜选用台湾龙禧、多抗仙子、红粉骄子、星火、美金等品种。

（二）培育壮苗

大棚提早栽培 11 月上中旬播种，亩用种量小番茄 5～8g，大番茄 10～15g。育苗方式为大棚冷床穴盘育苗：在大棚内按 1.7m 宽建苗床，整平床底，随后将 50 孔穴盘装好育苗基质后成 3 排整齐置于苗床上，浇足底水，然后浅播种，每孔播种 1 粒，盖好基质后随即覆盖地膜，再加盖小拱棚保温保湿，维持床温 25℃左右。50% 幼苗出土及时揭开地膜，随后降温降湿，加强光照。保持床温 15～20℃，气温 20～25℃，做到尽量降低基质湿度，基质不现白不打水，促使幼苗根系下扎，同时以防猝倒病发生。待幼苗子叶充分展开破心时，加强肥水管理，以干湿交替为原则，促进地上部真叶生长。白天床温15℃以上时揭开小拱棚，夜晚盖上保温。注意病虫害防治，定植前5~7天，将温度逐渐降低至13~15℃并控水进行炼苗。壮苗标准：8~9片真叶，株高18~25cm，叶色浓绿，茎秆粗壮，节间短，根系发达。

（三）整地施肥

于前作收获后土壤翻耕前，每亩撒施生石灰200~250kg进行土壤消毒。土壤翻耕后，每亩撒施饼肥100~150kg或商品有机肥300kg、硫酸钾型复合肥40kg、钙镁磷肥50kg。用旋耕机旋耕土壤1~2遍，将肥料与土壤混匀，然后进行整地作畦，畦面宽100cm，略呈龟背形，沟宽50cm，沟深25~30cm，整地后每畦铺设滴灌带一条，随即覆盖无色透明地膜。整地施肥工作应于移栽前1周完成。

（四）适期定植，合理密植

大棚栽培应提早在2月中下旬抢晴天定植。每畦栽2行，株行距60cm×43cm，每亩栽2 000株；定植后立即浇上压蔸水，并用土杂肥封严定植孔。若棚内气温低，要加盖小拱棚保温促进生根发苗。

（五）田间管理

1. 温、湿度管理

定植后一周内少通风，缓苗后，棚内气温白天保持在25~28℃，夜间15℃以上。通风换气应根据天气情况进行，一般在中午前后进行，通风口选在南边。当外界最低气温达到15℃时，应昼夜通风。当棚温超过35℃，夜间超过20℃时应把通风口提高到最大限度，但不要轻易揭去顶膜，仍可作避雨之用。

2. 肥水管理

肥水管理原则：浇果不浇花。生长前期视生长情况半月用滴灌追肥一次；开花期严格控制肥水；结果期每半月用滴灌追肥一次；追肥最好用全量冲施水，施用浓度0.2%~0.3%。

3. 吊蔓整枝

当蔓长0.3m时，应及时吊绳引蔓。具体做法是分别在定植行的地面上拉一条绳子和上方拉 1 道镀锌钢丝，钢丝下方每隔 6 ~ 8m 打一木桩以支撑钢丝以防钢丝下沉，同时减少大棚两端的承受力。将鱼网绳上绑于镀锌钢丝上、下绑于地面绳子上，再将番茄蔓绕绳而上，每隔 2 ~ 3 天绕一次。结合绕蔓进行整枝，整枝宜采用单杆整枝，仅保留主蔓，抹去所有侧芽。生长后期还要将地面的老叶及时摘除，可防止消耗养分和便于通风透光。

4. 保果疏果

大棚番茄春提早栽培开花前期因低夜温影响，授粉受精不良而引起落花落果，在生产上一般采用激素处理保果。目前生产上主要应用的是2,4 - D 与防落素。2,4 - D 对番茄的嫩芽及嫩叶有药害，只能浸花或涂花，虽费工但省药，气温低于 15℃ 时，使用浓度 0.0015% ~ 0.0025%，气温高时，使用浓度为 0.001% ~ 0.0015%。使用 2,4 - D 时，切忌高浓度用药，否则易产生畸形果或空腔果。配制 2,4 - D 时忌用金属容器，并在 2,4 - D 药液中加入着色染料，以免重复用药。用 2,4 - D 点花的时期以花半开或全开为宜，用毛笔蘸药液涂在果柄离层处即可。防落素对番茄的嫩叶及嫩芽药害较轻，使用安全，可喷花处理，使用浓度为 0.001% ~ 0.005%，温度高时，取下限浓度。当每个花序 60% ~ 70% 开花时，为喷药适期。坐果后，每穗留 3 ~ 4 个果，其余的要疏去，以保证果实的商品质量。坐果后，大果番茄每穗留 3 ~ 4 个果，小果番茄每穗留 10 ~ 12 个果，疏去小果和畸形果，以保证果实的商品质量。

5. 病虫害防治

番茄的主要病害是青枯病，目前还未找到有效的药物防治途径，主要以农业防治为主，如选用抗病品种、采用深沟高畦栽培、加强田间排水和严格土壤、苗床及种子消毒等。田间发现病株，应及时拔除，并撒上石灰消毒以防止蔓延。此外，还有苗期灰霉病，生长中后期的卷叶病，防治灰霉病除加强苗床通风降温外，可用50% 的速克灵可湿性粉剂 1 000 倍液或腐霉利 500 倍液喷雾。卷叶病可用病毒 A 或卷叶灵防治。番茄的虫害主要是蚜虫，可用吡虫啉、大功臣喷雾防治。

（六）及时采收

番茄以老熟果为商品果，一般要转色后及时采收。采收时要留果蒂，最好用剪刀剪下，轻拿轻放，以免碰伤果实。

二、秋延后栽培

（一）品种选择

应选择抗病能力强、耐高温、果实发育和转色快的中、早熟耐贮、抗寒、丰产品种，栽培大番茄宜选用以色列石头番茄、浙粉202等品种；栽培小番茄宜选用台湾龙禧、多抗仙子、红粉骄子、星火、美金等品种。

（二）培育壮苗

1. 适时播种

南方地区大棚秋延后栽培番茄不宜播种过早。过早正值高温季节，易诱发病毒病，但也不宜过迟，过迟则由于气温下降，果实不能正常成熟转色。一般在7月中旬播种为宜，亩用种量小番茄5~8g，大番茄10~15g。

2. 穴盘育苗

采用营养基质穴盘湿润法育苗，将装有轻质育苗基质的穴盘（50孔）放入浅水营养池中，浇足底水，然后浅播种，每穴播种1粒，盖好基质后随即覆盖遮阳网保湿。3~4天幼苗开始拱土即揭开遮阳网，秧苗在育苗基质中扎根生长，并能从基质和营养液中吸收水分和养分。

3. 苗床管理

播种后要在苗床上覆盖银灰色的遮阴网，用以遮阴降温、保湿、避蚜。蚜虫是病毒病的传播者，能否防治病毒病是秋番茄成功与否的关键之一。番茄六叶期以前为感病敏感期，七叶以后，秧苗的抗病力逐渐增强，因此要抓住在六叶期以前加强管理，有效地防蚜和预防病毒病发生。为做好此项工作，苗期每隔10天喷盐酸吗啉呱或宁南霉素预防病毒病；喷达螨灵或霸螨灵预防茶螨螨，发生蚜虫和白粉虱时要及时用吡虫啉和联苯菊酯喷雾防治。通过两道设防以预防病毒病的发生。

4. 壮苗措施

因番茄幼苗生长期正值高温季节，易徒长，为此从幼苗二叶一心期开始到第一花序开花期可喷 0.1% 的矮壮素或适当浓度的多效唑两次，可有效地防止徒长，使节间变短，茎增粗，叶片增厚。壮苗标准株高 20cm 左右，茎粗 0.4 ~ 0.6cm，5 ~ 6 片叶时开始现蕾，植株矮壮，苗龄 25 ~ 30 天。

（三）整地施肥

参照春提早栽培执行，注意菜饼要先发酵后施用，畦面改用银黑双色地膜覆盖。

（四）适期定植，合理密植

8 月中下旬选择阴天或傍晚时定植，每畦栽植两行，穴距 40 ~ 45cm。每亩栽 2 000 株。定植后及时浇压蔸水和缓苗水，并用土杂肥封严定植孔。苗要适当深栽，特别是高脚苗更应深栽，以利茎部萌发不定根，增加番茄根部的吸收能力。

（五）田间管理

生长前期以遮阳降温为主：定植后一周内应在棚上盖上银灰色的遮阴网，并将棚膜四周卷起，既可遮阳降温，又可保温防暴雨，促进缓苗和避蚜防病毒。生长后期以保温为主：当外界气温下降到 15℃ 以下时，要及时闭棚保温，但白天应及时加强通风，防止密闭诱发病害。当棚内气温低于 5℃ 时，应及时将果实采收贮藏。

其他肥水管理、吊蔓整枝、保果与疏果、病虫害防治均参照春提早栽培。

（六）采收与贮藏

1. 采收

就地上市的应在果实转红后及时采摘。如外界气温下降，果实成熟慢，可将这部分青果提前采收贮藏。摘收前 15 天用 50% 多菌灵可湿性粉剂 500～600 倍液喷果一次，以利贮藏时减少病果腐烂。

2. 贮藏

采收后，选无病虫害、无伤口的果按其成熟程度分开堆码，最好利用稻草或谷壳作贮藏材料，即地面铺上一层塑料膜，膜上放一层稻草或谷壳，再码一层番茄，番茄上在放一层稻草或谷壳，又放一层番茄。如此堆码上去，最上一层盖上草帘，不能盖膜。贮藏室要选靠南边的屋，贮藏温度 10～15℃，不能低于8℃，相对湿度70%～80%，一周左右翻动一次。翻时及时将已成熟的果选出上市，将病果、烂果剔除，未红的果实继续贮藏，陆续上市。如贮藏得当，一直可供应到元旦至春节。

第四节 设施茄子栽培

一、春提早栽培

（一）品种选择

宜选择耐低温弱光、生长势中等、门茄节位低、容易坐果、果实发育较快的品种。目前湖南省大棚春提早栽培采用的主要品种有湘早红茄 1 号、湘茄 1 号、衡阳油罐茄、粤丰紫红茄、春晨特早红茄、皇太子早茄、早青茄等。

（二）早育壮苗

应提早在 10 月上中旬播种育苗，亩用种量 15～20g。育苗方式为大棚冷床穴盘育苗：在大棚内按 1.7m 宽建苗床，整平床底，随后将 32 孔穴盘装好育苗基质后成 3 排整齐置于苗床上，浇足底水，然后浅播种，每孔播种 1 粒，盖好基质后随即覆盖地膜保温保湿，维持床温 25℃左右。50% 幼苗出土及时揭开地膜，随后降温降湿，加强光照。保持床温 16～20℃，气温 20～25℃，做到尽量降低基质湿度，基质不现白不打水，促使幼苗根系下扎，同时以防猝倒病发生。待幼苗子叶充分展开破心时，加强肥水管理，以干湿交替为原则，促进地上部真叶生长。白天床温15℃以上时揭开小拱棚，夜晚盖上保温。茄子耐低温能力比辣椒弱，幼苗越冬时需加强保温措施，采用三层覆盖保温为宜。注意病虫害防治，茄子苗期病害主要是灰霉病与炭疽病，可分别用速克宁和甲基托布津喷雾防治，每隔15天喷一次。为害茄子幼苗的虫害主要是蚜虫，可用吡虫啉喷雾防治。定植前5~7天，将温度逐渐降低至13~15℃并控水进行炼苗。壮苗标准：4~5片真叶，株高10~15cm，叶色浓绿，茎秆粗壮，节间短，根系发达。

（三）整地施肥

于前作收获后土壤翻耕前，每亩撒施生石灰200kg进行土壤消毒。土壤翻耕后，每亩撒施饼肥150kg或商品有机肥400kg、硫酸钾型复合肥75kg、钙镁磷肥50kg。将肥料与土壤混匀，然后进行整地作畦，8m宽大棚作畦5块，畦面宽80cm，略呈龟背形，沟宽60cm，沟深30cm，整地后每畦铺设滴灌一条，随即覆盖无色透明地膜。整地施肥工作应于移栽前1周完成。

（四）提早定植，合理密植

越冬大苗应提早在2月中下旬抢晴天定植在大棚内。每畦栽双行，穴距45cm，每亩栽植1 800株。定植后立即浇上甲基托布津溶液作压蔸水，并用土杂肥封严定植孔。若棚内气温低，要加盖小拱棚保温促进生根发苗。

（五）田间管理

1. 温湿度调节

定植后以闭棚保温保湿为主，促苗成活，早生快发。当晴天气温回升快时，应于中午前后2h揭膜或卷膜通风，阴雨寒潮天气则闭棚保温，若阴雨时间长，棚内湿度大，要注意短时间揭膜或卷膜通风，排除湿气，做到勤揭勤盖。当气温稳定通过15℃以上时，应拆除棚内小棚，加强大棚卷膜通风，无风雨的夜晚大棚两边卷膜不放下，促苗稳健生长。当气温稳定在20℃以上时可把卷膜全打开，但天膜不拆除，仍可作避雨之用，以防连续阴雨造成田间湿度大，诱发病害流行。

2. 植株调整

茄子进入始花期后，基部侧芽萌发多，即消耗养分又影响通风透光，应及时整枝。整枝宜采用杯状整枝，即第一分杈下保留一个健壮侧枝，其余侧枝抹除，待保留侧枝结一果后摘心，此法可增加茄子的早期产量。茄子生长中期，基部老叶功能丧失，成为无用之叶，为使冠丛中通风透光良好，多结果，结好果，使果实色泽鲜亮，又减少老叶传染病菌的机会，应及时打掉老叶。茄子结果后会使植株因负荷过重而出现倒伏，应及时在畦两边各立一排竹棍并拉绳将植株固定在畦内不倒伏即可。

3. 保花保果

茄子春提早栽培开花早，前期因气温低容易引起落花落果，可用0.002%的2，4－D涂抹果柄，或用0.003%～0.004%的防落素喷花。

4. 肥水管理

肥水管理原则：大水大肥。生长前期视生长情况一周用滴灌追肥一次；开花期结果期每4～5天用滴灌追肥一次；追肥最好用全量冲施水，施用浓度0.2%～0.3%。

5. 病虫害防治

茄子的主要病害有黄萎病、绵疫病。对于黄萎病的防治重在轮作，严格土壤消毒，重施生石灰。近年来利用野生茄子作砧木，采用嫁接换苋技术防治该病效果显著。对于绵疫病可在发病初期用可杀得喷雾防治。茄子的虫害主要有蚜虫、棉铃虫、二十八星瓢虫、茶螨螨等。蚜虫用吡虫啉或大功臣喷雾防治；棉铃虫、二十八星瓢虫用功夫或卡死克喷雾防治；茶螨螨用哒螨酮、克螨特防治。

（六）及时采收

茄子萼片与果实相接处淡绿色环状带即将消失时，即所谓"茄眼睛"闭合时为采收适期。茄子春提早栽培在4月下旬就可陆续采收上市，对干根茄要早摘，对于对茄、四母茄要勤摘，间隔2～3天采收一次，既抢市场价格又促后续果实的发育，保证连续高产。采摘宜用剪刀剪下，以防碰断枝条。

二、秋延后栽培

（一）品种选择

选择既耐热又较耐低温、、优质、高产、抗病的中晚熟品种。目前湖南省大棚秋延后栽培采用的主要品种有紫红茄、龙丰2号、粤丰紫红茄、墨茄、国茄长虹、农夫长茄等。

（二）培育壮苗

一般与6月中下旬播种，亩用种量15～20g。采用遮阴设施培育壮苗，将装有轻质育苗基质的穴盘（50孔）放入浅水营养池中，浇足底水，然后浅播种，每穴播种1粒，盖好基质后随即覆盖遮阳网保湿。4～5天幼苗开始拱土即揭开遮阳网，秧苗在育苗基质中扎根生长，并能从基质和营养液中吸收水分和养分。苗期每隔10天喷盐酸马啉呱或宁南霉素预防病毒病；喷达螨灵或霸螨灵预防茶蟥螨，发生蚜虫和白粉虱时要及时用吡虫啉和联苯菊酯喷雾防治，并根据苗床墒情和幼苗生长状况适当补水补肥。当茄子苗龄达35～40天，具4～5片真叶，株高10～15cm时定植。

（三）整地施肥

参照参照春提早栽培执行，注意菜饼要先发酵后施用，畦面改用银黑双色地膜覆盖。

（四）适时定植，合理密植

于8月上旬选阴天或晴天下午定植，每畦栽双行，穴距50cm，每亩栽植1600株。定植后立即浇上甲基托布津溶液作压蔸水，随后几天浇复水至缓苗，并用土杂肥封严定植孔。

（五）田间管理

1. 缓苗期管理

要注意土壤墒情，适时浇水，中午高温时要遮阳降温促进缓苗。

2. 棚温管理

8 月天气炎热，要将棚四周膜卷起，尽量加大通风量，棚顶盖遮阳网降温；9 月以后，随着气温下降要逐步落膜减少通风；10 月下旬以后当外界气温下降到 15℃ 时，要把棚边膜盖严保温，但每天要通风 2 ~ 3 次。

其他植株调整、肥水管理、病虫害防治参照春提早栽培执行。

（六）及时采收

茄子萼片与果实相接处淡绿色环状带即将消失时，即所谓"茄眼睛"闭合时为采收适期。秋延后茄子不宜在中午采摘，茄子失水后色泽不好，应在傍晚或早晨采摘。采摘宜用剪刀剪下，以防碰断枝条。

第五节　设施西葫芦栽培

一、春提早栽培

（一）品种选择

春提早栽培的西葫芦品种应选择株型紧凑、雌花节位低、耐寒性较强、短蔓型的早熟品种。目前，生产上栽培面积较大的有早青一代、银青西葫芦、西葫芦长青王、早抗 30、黑美丽、绿宝石及黄色果皮的香蕉西葫芦等。

（二）早育壮苗

一般于 1 月上旬在大棚内采用电热加温育苗，亩用种量 250g 左右，播前温水浸种 2h，再温汤（55 ~ 60℃）浸种 10min，清水冲洗种子数遍，拌湿润煤灰于 28 ~ 30℃ 下保湿催芽 1 ~ 2 天，种子露白即可播种。播种前先铺好电热温床，具体操作如下：在大棚内平整床底，底宽 1.1m，长度 12m 左右，再铺 10cm 厚的稻草作隔热层，然后布电热线 4 个来回（8 条），用细土盖没电热线，再将 32 孔穴盘装好基质后整齐置于苗床上，浇足底水，然后打孔播种，每孔播种 1 粒，盖好基质后随即覆盖地膜，再加盖小拱棚保温保湿，维持床温 25℃ 左右。幼苗开始拱土即揭开地膜，随后降温降湿，加强光照。保持床温 15～20℃，气温 20～25℃，做到尽量降低基质湿度，基质不现白不打水，促使幼苗根系下扎，同时以防猝倒病发生。待幼苗子叶充分展开破心时，加强肥水管理，以干湿交替为原则，促进地上部真叶生长。白天床温 15℃ 以上时揭开小拱棚，夜晚盖上保温。壮苗指标：株高 15～16cm，茎粗 0.4～0.5cm，具有 2～3 片真叶，节间短，株形紧凑，根系发达。

（三）整地施肥

于前作收获后土壤翻耕前，每亩撒施生石灰 100～150kg，进行土壤消毒。土壤翻耕后，每亩撒施饼肥 100～150kg 或商品有机肥 300kg、硫酸钾型复合肥 50kg、钙镁磷肥 50kg。用旋耕机旋耕土壤 1～2 遍，将肥料与土壤混匀，然后进行整地作畦，8m 宽大棚作畦 5 块，畦面宽 100cm，略呈龟背形，沟宽 60cm，沟深 30cm，整地后每畦铺设滴灌一条，随即覆盖无色透明地膜。整地施肥工作应于移栽前 1 周完成。

（四）移苗定植

移苗定植在 2 月上中旬选择晴天下午进行，每畦栽 2 行，穴距 50cm，每亩定植 1 600 株，栽后及时浇上压蔸水，随即用土杂肥封严定植孔。若棚内气温低，要加盖小拱棚保温促进生根发苗。

（五）田间管理

1. 及时揭盖棚膜，调节温湿度

定植后以闭棚保温保湿为主，促苗成活，早生快发。当晴天气温回升快时，应于中午前后 2h 揭膜或卷膜通风，阴雨寒潮天气则闭棚保温，若阴雨时间长，棚内湿度大，要注意短时间揭膜或卷膜通风，排除湿气，做到勤揭勤盖。当气温稳定通过 15℃ 以上时，应拆除棚内小棚，加强大棚卷膜通风，无风雨的夜晚大棚两边卷膜不放下，促苗稳健生长。当气温稳定在 20℃ 以上时可把卷膜全打开，但天膜不拆除，仍可作避雨之用，以防连续阴雨造成田间湿度大，诱发病害流行。

2. 肥水管理

幼苗期至开花坐果之前控水控肥为主，防止因土壤水肥过多而出现徒长或"疯秧"。根瓜果实开始膨大时用滴灌追肥一次，进入结瓜盛期后要根据天气情况和土壤墒情及时追肥，一般每隔7天追肥一次。追肥最好用全量冲施水，施用浓度0.2%~0.3%。

3. 植株调整与保花保果

由于早春大棚栽培均选用矮生的早熟品种，生长过程中一般不需要进行吊蔓与绑蔓工作，生长过程中应及时摘去老叶、病叶和黄叶。春季由于气温低，大棚的阻碍作用，传粉昆虫很少，而西葫芦的单性结实能力又很差，导致春季设施栽培常因授粉不良而造成落花或化瓜，生产上可用20mg/kg的2，4-D或40mg/kg的防落素处理柱头和果柄进行保果。也可人工辅助授粉：每天6~10时，采下雄花去掉花冠，将雄花的雄蕊轻轻的在雌花柱头上涂抹，每朵雄花可授3~4朵雌花。

4. 病虫害防治

西葫芦大棚栽培的主要病害是灰霉病、病毒病、白粉病、灰霉病，主要虫害是蚜虫、白粉虱等。灰霉病首先在开花期由雌蕊柱头部位浸染子房，使幼果顶部发霉而腐烂，失掉产品价值。除加强放风排湿外，可喷施50%速克宁1 500~2 000倍液；58%瑞毒霉素1 000~1 500倍液；也可用百菌清烟雾剂熏烟。白粉病用20%粉锈宁乳剂2 000倍液；50%硫胶悬浮剂300~400倍液；70%甲基托1 000倍液；福星800倍液喷雾防治。另外，用小苏打500倍液，食盐水300倍液也有一定防治效果。蚜虫和白粉虱用40%溴氰菊脂乳剂3 000~4 000倍液；18%爱福丁乳油1 000~1 500倍液；10%吡虫啉可湿性粉剂1 500倍液喷雾防治。

（六）采收

西葫芦以食用嫩瓜为主，一般开花后7~10天即可采收0.5kg重的嫩瓜，及时采收，可促进上部幼瓜的发育膨大和茎叶生长，有助于提高早期产量，特别是根瓜的采收要早，一般根瓜达到0.25kg即可采收，采收过晚会影响第二瓜的生长。进入结瓜盛期后，瓜的采收可根据植株长势而定，长势旺的植株适当多留瓜，留大瓜采收，徒长的植株适当晚采瓜；而对于长势弱的植株应少留瓜，适当早采瓜。采摘最好用刀进行，瓜柄尽量留在主蔓上。

二、秋延后栽培

（一）品种选择

秋延后栽培西葫芦应选择选择既抗热、抗病又耐低温的品种，如早青、阿太、碧玉、碧浪、哥仑比亚等。

（二）适期育苗

一般在8月下旬至9月上旬播种育苗为宜。亩用种量250g，采用干籽直播，先将32孔穴盘装好基质后放入浅水营养池中，浇足底水，然后打孔播种，每穴播种1粒，盖好基质后随即覆盖遮阳网保湿。3~4天幼苗开始拱土即揭开遮阳网，秧苗在育苗基质中扎根生长，并能从基质和营养液中吸收水分和养分。因苗期温度高，易徒长，可采用化学控制，在一叶、三叶期各喷1次50%的矮壮素2 500倍液，可有效防止徒长，促进雌花分化。待幼苗长至三叶一心时准备移栽到大棚。

（三）整地施肥

参照参照春提早栽培执行，注意菜饼要先发酵后施用，畦面改用银黑双色地膜覆盖。

（四）移苗定植

于9月中下旬选阴天或晴天下午定植，每畦栽双行，穴距50cm，每亩栽植1 600株。栽后及时浇上压蔸水，随后几天浇复水至缓苗，并用土杂肥封严定植孔。

（五）田间管理

1. 及时揭盖棚膜，调节温湿度

定植后以遮阳降温保湿为主，促苗成活。大棚四周敞开放风，棚顶盖银灰色遮阳网至缓苗，然后视棚内温度高低决定是否盖网。10月中旬要考虑将裙膜盖上保温，白天棚内温度维持在20~

30℃，高于30℃卷膜通风降温，低于20℃放膜保温。遇低温阴雨天气，不能长期闭棚，白天应短时间放风2～3次，以免棚内湿度过高诱发叶部病害，且长期闭棚CO_2得不到补充。

2. 病虫害防治

秋延西葫芦前期易发生病毒病，中后期易感染灰霉病、白粉病。当两叶一心时，喷施83增抗剂或病毒灵预防病毒病，以后隔一周喷一次。病毒病发病初期可喷20%病毒A或15%病毒灵2～3次，如有蔓延趋势，用抗毒剂1号250～300倍液喷3～4次；白粉病发生后，用20%粉锈宁、50%硫黄悬浮剂、2%农抗120喷雾均有较好效果。发现灰霉病时初期用10%速可灵烟剂或45%百菌清烟剂夜间熏棚，晴天也可用50%扑海因或50%速可灵喷雾防治。棚内出现病害后，加强药剂防治的同时，还要控制浇水，晴天要加大通风量排出湿气。当蚜虫发生时，可用10g啶虫脒对500ml水喷施，当有白粉虱、蚜虫和斑潜蝇发生时，可用熏雾清熏棚防治。

其他肥水管理、人工授粉或激素保果参照春提早栽培。

（六）采收

8月下旬播种的西葫芦，在10月中下旬前后即可开始采收。一般当瓜大小达到150～300g时应及时采收，以后达到400～500g以上时采收。在保温性能好、肥水充足的条件下，可供应至12中旬。

第六节　设施黄瓜栽培

一、春提早栽培

（一）品种选择

宜选择耐寒、耐湿、耐弱光，抗病性强，叶片小，分枝性弱，坐果节位低，雌花率高，早熟的品种。目前适于湖南省春提早栽培的主要黄瓜品种有津春3号、津优2号、津优3号、津优35号、蔬研白绿、蔬研2号（白色）、赛维斯（水果用）、湘研康蜜（水果用）等。

（二）早育壮苗

黄瓜春提早栽培成功的关键是采用电热加温育苗措施，因黄瓜幼苗耐低温能力比茄果类幼苗弱，如不采用加温措施，即使播种再早，也因温度不够而不能培育适龄壮苗，往往形成小僵苗。一般于2月上旬在大棚内采用电热加温育苗，亩用种量100g，播前温水浸种2h，再温汤（55～60℃）浸种10min，清水冲洗种子数遍，拌湿润煤灰于28～30℃下保湿催芽12～18h，种子露白即可播种。播种前先铺好电热温床，具体操作如下：在大棚内平整床底，底宽1.1m，长度12m左右，再铺10cm厚的稻草作隔热层，然后布电热线4个来回（8条），用细土盖没电热线，再将32孔穴盘装好基质后整齐置于苗床上，浇足底水，然后打孔播种，每孔播种1粒，盖好基质后随即覆盖地膜，再加盖小拱棚保温保湿，维持床温25℃左右。幼苗开始拱土即揭开地膜，随后降温降湿，加强光照。保持床温15～20℃，气温20～25℃，做到尽量降低基质湿度，基质不现白不打水，促使幼苗根系下扎，同时以防猝倒病发生。待幼苗子叶充分展开破心时，加强肥水管理，以干湿交替为原则，促进地上部真叶生长。白天床温15℃以上时揭开小拱棚，夜晚盖上保温。待幼苗长至三叶一心时准备移栽到大棚。

（三）整地施肥

于前作收获后土壤翻耕前，每亩撒施生石灰100～150kg，进行土壤消毒。土壤翻耕后，每亩撒施饼肥100～150kg或商品有机肥300kg、硫酸钾型复合肥50kg、钙镁磷肥50kg。用旋耕机旋耕土壤1～2遍，将肥料与土壤混匀，然后进行整地作畦，8m宽大棚作畦4块，畦面宽100cm，略呈龟背形，沟宽70cm，沟深30cm，整地后每畦铺设滴灌一条，随即覆盖无色透明地膜。整地施肥工作应于移栽前1周完成。

（四）移苗定植

移苗定植在3月上中旬选择晴天下午进行，每畦栽2行，穴距40cm，每亩定植1 900株，栽后及时浇上压蔸水，成活后用1 500倍液噻唑膦（伏线宝）200ml灌蔸预防根结线虫病，随即用土杂肥封严定植孔。若棚内气温低，要加盖小拱棚保温促进生根发苗。

（五）田间管理

1. 及时揭盖棚膜，调节温湿度

定植后以闭棚保温保湿为主，促苗成活，早生快发。当晴天气温回升快时，应于中午前后2h揭膜或卷膜通风，阴雨寒潮天气则闭棚保温，若阴雨时间长，棚内湿度大，要注意短时间揭膜或卷膜通风，排除湿气，做到勤揭勤盖。当气温稳定通过15℃以上时，应拆除棚内小棚，加强大棚卷膜通风，无风雨的夜晚大棚两边卷膜不放下，促苗稳健生长。当气温稳定在20℃以上时可把卷膜全打开，但天膜不拆除，仍可作避雨之用，以防连续阴雨造成田间湿度大，诱发病害流行。

2. 吊绳引蔓、植株调整

当蔓长0.3m时，应及时吊绳引蔓。具体做法是分别在定植行的地面上拉一条绳子和上方拉1道镀锌钢丝，钢丝下方每隔6~8m打一木桩以支撑钢丝以防钢丝下沉，同时减少大棚两端的承受力。然后每亩做1 500个双"V"字形的镀锌钢丝钩，将6~8m长的鱼网绳绕于镀锌钢丝钩上，再将绕有鱼网绳的镀锌钢丝钩挂于上方镀锌钢丝上（每株挂1个），并将鱼网绳下放缚绑于地面镀锌钢丝上，再将黄瓜蔓绕绳而上，每隔2~3天绕一次，绕蔓应在下午进行。对于侧蔓发生多的品种要及时剪去侧蔓，以利通风透光、以免消耗营养。当黄瓜主蔓长至上方镀锌钢丝时，基部果实已采收完毕，基部叶片衰老变黄时，剪去基部老叶，并将镀锌钢丝钩上的绳索下放30cm左右，此时黄瓜蔓自然下落，赢得继续上长空间。如此反复进行，蔓长可达6~8m，创造黄瓜高产条件。

3. 肥水管理

肥水管理原则：采一次果追一次肥。生长前期视生长情况每周用滴灌追肥一次；结果期每采一次果用滴灌追一次肥。追肥最好用全量冲施水，施用浓度 0.2%～0.3%。

4. 及早预防病虫害

黄瓜的病害主要有枯萎病、疫病、霜霉病、细菌性角斑病、白粉病、根结线虫病，枯萎病用恶霉灵 600～800 倍液或甲霜恶霉灵 800～1 000 倍液灌蔸；疫病、霜霉病、细菌性角斑病可分别用可杀得、甲霜灵、农用链霉素喷雾防治、白粉病可用"靠山多霸"果菜多功能生物制剂喷雾预防或用粉尽（70%甲硫·乙嘧酚）喷雾防治；根结线虫病用 1 500 倍液噻唑膦（伏线宝）200ml 在苗期灌蔸预防。

虫害主要有黄守瓜、斑潜蝇、蚜虫，白粉虱、红蜘蛛。黄守瓜用20%氰戊菊酯乳油或2.5%溴氰菊酯乳油 4 000 倍液喷雾；斑潜蝇用打潜喷雾防治，蚜虫可用吡虫啉或大功臣喷雾防治；白粉虱发生初期在大棚内张挂白粉虱粘虫板（30 张/棚）进行诱杀，发生盛期采用联苯菊酯或呋虫胺叶面喷雾杀卵和白粉虱烟雾剂熏蒸；红蜘蛛发生初期释放捕食螨预防，发生盛期用阿加尼（13%阿维·螺螨酯）叶面喷雾或红蜘蛛烟雾剂熏蒸。

（六）及时采摘上市

大棚春提早栽培黄瓜于 4 月中下旬就可始收。因黄瓜果实生长发育快，瓜条密，更应及时采摘，以保证后续果实的发育。采收标准：菜用黄瓜带刺溜且花蒂未脱落；水果黄瓜果长 16～18cm 花蒂未脱落；一般隔一天采收一次。菜用黄瓜 6 月中旬罢园，水果黄瓜 7 月上旬罢园。

二、秋延后栽培

（一）品种选择

宜选择苗期耐高温、耐强光，结瓜期耐低温、耐弱光，始瓜部位高，抗病性、适应性强、叶片小，分枝性弱，雌花率高，雌花形成对日照长度反映不敏感且植株生长势较强的品种。目前适于湖南省秋延后栽培的主要黄瓜品种有津春 2 号、津春 4 号、津春 5 号、中农 10 号、津优 35 号、津优 40 号、蔬研白绿和赛维斯

（水果用）、湘研康蜜（水果用）等。

（二）适期育苗

一般在8月下旬播种育苗为宜。亩用种量100g，采用干籽直播，先将32孔穴盘装好基质后放入浅水营养池中，浇足底水，然后打孔播种，每穴播种1粒，盖好基质后随即覆盖遮阳网保湿。2～3天幼苗开始拱土即揭开遮阳网，秧苗在育苗基质中扎根生长，并能从基质和营养液中吸收水分和养分。待幼苗长至三叶一心时准备移栽到大棚。

（三）整地施肥

参照春提早栽培执行，注意菜饼要先发酵后施用，畦面改用银黑双色地膜覆盖。

（四）移苗定植

移苗定植在9月上旬选择阴天下午进行，每畦栽2行，穴距40cm，每亩定植1 900株，栽后及时浇上压蔸水，次日浇复水，成活后用1 500倍液噻唑膦（伏线宝）200ml灌蔸预防根结线虫病，随即用土杂肥封严定植孔。

（五）田间管理

定植后以遮阳降温保湿为主，促苗成活。大棚四周敞开放风，棚顶盖银灰色遮阳网至缓苗，然后视棚内温度高低决定是否盖网。10月中旬要考虑将裙膜盖上保温，白天棚内温度维持在20～30℃，高于30℃卷膜通风降温，低于20℃放膜保温。遇低温阴雨天气，不能长期闭棚，白天应短时间放风2～3次，以免棚内湿度过高诱发叶部病害，且长期闭棚CO_2得不到补充。

其他吊绳引蔓、植株调整、肥水管理、病虫害防治等项工作参照春提早栽培执行。

（六）及时采摘上市

大棚秋延栽培黄瓜于10月上旬就可始收。因黄瓜果实生长发育快，瓜条密，更应及时采摘，以保证后续果实的发育。采收标准：菜用黄瓜带刺溜且花蒂未脱落；水果黄瓜果长16～18cm花蒂未脱落；一般隔一天采收一次。12月上旬罢园。

第七节　设施苦瓜栽培

一、春提早栽培

（一）品种选择

宜选择耐低温、耐弱光、抗病性强、分枝力弱、膨瓜速度快、坐果节位低、雌花率高、早熟、丰产的品种。目前适于湖南省春提早栽培的主要苦瓜品种有春泰苦瓜（青）、春悦苦瓜（白）、春帅苦瓜（青）、早秀苦瓜（白）、青秀苦瓜（青）、湘早优1号苦瓜（白）、衡杂1号苦瓜、衡杂2号苦瓜等。

（二）早育壮苗

苦瓜春提早栽培成功的关键是采用大棚电热加温提早培育壮苗。因苦瓜幼苗耐低温能力比茄果类幼苗弱，如不采用加温措施，即使播种再早，也因温度不够而不能培育适龄壮苗，往往形成小僵苗。一般于2月上旬在大棚内采用电热加温育苗，亩用种量400~500g，播种前一般用50~55℃温水浸种15min，常温水继续浸种5~6h，使其吸水膨胀以促进发芽，浸种后置于30℃的温度下催芽，种子露白即可播种。播种前先铺好电热温床，具体操作如下：在大棚内平整床底，底宽1.1m，长度12m左右，再铺10cm厚的稻草作隔热层，然后布电热线4个来回（8条），用细土盖没电热线，再将32孔穴盘装好基质后整齐置于苗床上，浇足底水，然后打孔播种，每孔播种1粒，盖好基质后随即覆盖地膜，再加盖小拱棚保温保湿，维持床温25℃左右。幼苗开始拱土即揭开地膜，随后降温降湿，加强光照。保持床温16~20℃，气温20~25℃，做到尽量降低基质湿度，基质不现白不打水，促使幼苗根系下扎，同时以防猝倒病发生。待幼苗基生叶充分展开时，加强肥水管理，以干湿交替为原则，促进地上部真叶生长。白天床温15℃以上时揭开小拱棚，夜晚盖上保温。待幼苗基生叶完全展开、真叶出现时准备移栽到大棚。

（三）整地施肥

于前作收获后土壤翻耕前，每亩撒施生石灰 100~150kg，进行土壤消毒。土壤翻耕后，每亩撒施饼肥 100~150kg、商品有机肥 500kg、硫酸钾型复合肥 50kg、钙镁磷肥 50kg。将肥料与土壤混匀，然后进行整地作畦，8m 宽大棚作畦 4 块，畦面宽 100cm，略呈龟背形，沟宽 70cm，沟深 30cm，整地后每畦铺设滴灌一条，随即覆盖无色透明地膜。整地施肥工作应于移栽前 1 周完成。

（四）移苗定植

移苗定植在 3 月上中旬选择晴天下午进行，每畦栽 2 行，穴距 35~40cm，每亩定植 1 800 株左右，栽后及时浇上压蔸水，成活后用根线宝 750 倍液 200ml 灌蔸预防根结线虫病，随即用土杂肥封严定植孔。若棚内气温低，要加盖小拱棚保温促进生根发苗。

（五）田间管理

1. 及时揭盖棚膜，调节温湿度

定植后以闭棚保温保湿为主，促苗成活，早生快发。当晴天气温回升快时，应于中午前后 2h 揭膜或卷膜通风，阴雨寒潮天气则闭棚保温，若阴雨时间长，棚内湿度大，要注意短时间揭膜或卷膜通风，排除湿气，做到勤揭勤盖。当气温稳定通过 15℃以上时，应拆除棚内小棚，加强大棚卷膜通风，无风雨的夜晚大棚两边卷膜不放下，促苗稳健生长。当气温稳定在 20℃以上时可把卷膜全打开，但天膜不拆除，仍可作避雨之用，以防连续阴雨造成田间湿度大，诱发病害流行。

2. 吊蔓整枝

当蔓长 0.3m 时，应及时吊绳引蔓。具体做法是分别在定植行的地面上拉一条绳子和上方拉 1 道镀锌钢丝，钢丝下方每隔 6~8m 打一木桩以支撑钢丝以防钢丝下沉，同时减少大棚两端的承受力。然后每亩做 1 800 个双 "V" 字形的镀锌钢丝钩，将 6~8m 长的鱼网绳绕于镀锌钢丝钩上，再将绕有鱼网绳的镀锌钢丝钩挂于上方镀锌钢丝上（每株挂1个），并将鱼网绳下放缚绑于地面绳子上，再将苦瓜蔓绕绳而上，每隔2~3天绕一次，绕蔓应在下午进行。结合绕蔓进行整枝，主蔓1m以下只选留1枝侧蔓开花结果，当苦瓜主蔓长至上方镀锌钢丝时，基部果实已采收完毕，基部叶片衰老变黄时，剪去基部老叶，并将镀锌钢丝钩上的绳索下放30cm左右，此时苦瓜蔓自然下落，赢得继续上长空间。如此反复进行，蔓长可达6~8m，创造苦瓜高产条件。

3. 肥水管理

肥水管理原则采一次果追一次肥。生长前期视生长情况每周用滴灌追肥一次；结果期每采一次用滴灌追一次肥，结合沟施。追肥最好用全量冲施水，施用浓度0.2%~0.3%。

4. 及早预防病虫害

苦瓜的病害主要有枯萎病、疫病、霜霉病、细菌性角斑病、白粉病、根结线虫病，枯萎病用恶霉灵600~800倍液或甲霜恶霉灵800~1 000倍液灌蔸；疫病、霜霉病、细菌性角斑病、白粉病分别用可杀得、甲霜灵、农用链霉素、"靠山多霸"果菜多功能生物制剂喷雾防治；根结线虫病用根线宝在定植成活后灌蔸预防。虫害主要有蚜虫、瓜绢螟、瓜实蝇，蚜虫可用吡虫啉或大功臣喷雾防治；瓜绢螟可用阿维菌素或氯氰菊酯乳油喷雾防治；瓜实蝇用粘蝇板或在粘板上喷洒果瑞特进行诱杀防治。

（六）及时采摘上市

大棚春提早栽培苦瓜于4月下旬就可始收。大棚苦瓜开花结果早，温度低，果实发育较慢，生产上应尽早采收根果，一般在雌花开花后12~15天，果实瘤状突起饱满，果皮有光泽，果顶颜色变淡时采收，采收时应用剪刀剪下，不要拉伤茎蔓。

二、秋延后栽培

（一）品种选择

宜选择节间短、叶片小、坐果节位低、雌花率高、丰产、耐热、抗逆性强的品种。目前适于湖南省秋延后栽培的主要苦瓜品种有春泰苦瓜（青）、春悦苦瓜（白）、春帅苦瓜（青）、青秀苦瓜（青）、湘早优1号苦瓜（白）等。

（二）适时育苗

7月中下旬露地穴盘育苗。亩用种量400~500g，播种前一般用50~55℃温水浸种15min，常温水继续浸种5~6h，使其吸水膨胀以促进发芽。将32孔穴盘装好基质后整齐置于苗床上，浇足底水，然后打孔播种，每孔播种1粒，播种深度为1.5~2cm，播种时种子平摆，播后覆盖基质，覆盖遮阳网防晒保湿。5~6天幼苗开始拱土即揭开遮阳网，出苗后尽量降低基质湿度，基质不现白不打水，促使幼苗根系下扎，以防猝倒病发生。待幼苗基生叶充分展开时，加强肥水管理，以干湿交替为原则，促进地上部真叶生长。待幼苗基生叶完全展开、真叶出现时准备移栽到大棚。

（三）整地施肥

参照春提早栽培执行，注意菜饼要先发酵后施用，畦面改用银黑双色地膜覆盖。

（四）移苗定植

幼苗在两叶一心时选择阴天下午进行，每畦栽2行，穴距40~45cm，每亩定植1 800株左右，栽后及时浇上压蔸水，成活后用根线宝750倍液200ml灌蔸预防根结线虫病，随即用土杂肥封严定植孔。若棚内气温低，要加盖小拱棚保温促进生根发苗。

（五）田间管理

定植后以遮阳降温保湿为主，促苗成活。大棚四周敞开放风，棚顶盖银灰色遮阳网至缓苗，然后视棚内温度高低决定是否盖网。10月中旬要考虑将裙膜盖上保温，白天棚内温度维持在20~30℃，高于30℃卷膜通风降温，低于20℃放膜保温。遇低温阴雨天气，不能长期闭棚，白天应短时间放风2~3次，以免棚内湿度过高诱发叶部病害，且长期闭棚CO_2得不到补充。

其他吊绳引蔓、植株调整、肥水管理、病虫害防治等项工作参照春提早栽培执行。

（六）及时采摘上市

大棚秋延后栽培苦瓜于 8 月上中旬就可始收。一般在雌花开花后 12 ~ 15 天，果实瘤状突起饱满，果皮有光泽，果顶颜色变淡时采收，采收时应用剪刀剪下，不要拉伤茎蔓。12 月上旬罢园。

第八节　设施丝瓜栽培

一、春提早栽培

（一）品种选择

宜选择耐低温、耐弱光、抗病性强、分枝力弱、果实发育快、第一雌花节位低，雌花率高、商品性极佳的早熟品种。目前适于湖南省春提早栽培的主要苦瓜品种有早优 3 号丝瓜（短棒型）、长沙肉丝瓜（短棒型）、湘研珍棒丝瓜、兴蔬皱皮丝瓜、早优 6 号丝瓜（长棒型）、早优 8 号丝瓜（长棒型）、早佳 406 丝瓜（长棒型）、早香 2 号丝瓜（白皮）、株洲白丝瓜等。

（二）早育壮苗

大棚丝瓜春提早栽培的适宜播种期在 2 月上中旬。在大棚内采用电热温床育苗，每亩需种量为 300g 左右。丝瓜种子的种壳较厚，播种前宜先浸种和催芽。浸种时间稍长，宜半开半凉的温水浸种 10h 以上，催芽温度以 28 ~ 32℃为宜，当 2/3 的种子开口露白时即可播种。播种前先铺好电热温床，具体操作如下：在大棚内平整床底，底宽 1.1m，长度 12m 左右，再铺 10cm 厚的稻草作隔热层，然后布电热线 4 个来回（8 条），用细土盖没电热线，再将 32 孔穴盘装好基质后整齐置于苗床上，浇足底水，然后打孔播种，每孔播种 1 粒，盖好基质后随即覆盖地膜，再加盖小拱棚保温保湿，维持床温 25℃左右。幼苗开始拱土即揭开地膜，随后降温降湿，加强光照。保持床温 16 ~ 20℃，气温 20 ~ 25℃，做到尽量降低基质湿度，基质不现白不打水，促使幼苗根系下扎，同时以防猝倒病发生。待幼苗基生叶充分展开时，加强肥水管理，以干湿交替为原则，促进地上部真叶生长。白天床温15℃以上时揭开小拱棚，夜晚盖上保温。待幼苗长至二叶一心时准备移栽到大棚。

（三）整地施肥

于前作收获后土壤翻耕前，每亩撒施生石灰100～150kg，进行土壤消毒。土壤翻耕后，每亩撒施饼肥100～150kg、商品有机肥500kg、硫酸钾型复合肥50kg、钙镁磷肥50kg。将肥料与土壤混匀，然后进行整地作畦，8m宽大棚作畦4块，畦面宽100cm，略呈龟背形，沟宽70cm，沟深30cm，整地后每畦铺设滴灌一条，随即覆盖无色透明地膜。整地施肥工作应于移栽前1周完成。

（四）移苗定植

当丝瓜幼苗长至二叶一心，也就是苗龄30天左右时定植为宜，一般在3月中下旬抢晴天定植。每畦栽2行，穴距40～50cm，每亩定植1 600株左右，定植后浇上压蔸水，并用土杂肥封严定植孔。幼苗成活后用根线宝750倍液200ml灌蔸预防根结线虫病，如定植后气温低，可在大棚内加小拱棚覆盖保温。

（五）田间管理

1. 棚温调节

控制棚温白天不超过30℃，夜晚不低于15℃，主要通过揭盖小拱棚，开启大棚两侧通风口来实现。定植后以闭棚保温保湿为主，促苗成活，早生快发。当晴天气温回升快时，应于中午前后2h揭膜或卷膜通风，阴雨寒潮天气则闭棚保温，若阴雨时间长，棚内湿度大，要注意短时间揭膜或卷膜通风，排除湿气，做到勤揭勤盖。当气温稳定通过15℃以上时，应拆除棚内小棚，加强大棚卷膜通风，无风雨的夜晚大棚两边卷膜不放下，促苗稳健生长。当气温稳定在20℃以上时可把卷膜全打开，但天膜不拆除，仍可作避雨之用，以防连续阴雨造成田间湿度大，诱发病害流行。

2. 吊蔓整枝

当蔓长0.3m时，应及时吊绳引蔓。具体做法是分别在定植行的地面上拉一条绳子和上方拉 1 道镀锌钢丝，钢丝下方每隔 6~8m 打一木桩以支撑钢丝以防钢丝下沉，同时减少大棚两端的承受力。然后每亩做 1 600 个双"V"字形的镀锌钢丝钩，将 6~8m 长的鱼网绳绕于镀锌钢丝钩上，再将绕有鱼网绳的镀锌钢丝钩挂于上方镀锌钢丝上（每株挂 1 个），并将鱼网绳下放缚绑于地面绳子上，再将丝瓜蔓绕绳而上，每隔 2~3 天绕一次，绕蔓应在下午进行。结合绕蔓进行整枝、疏花疏须疏果，疏花疏须主要是疏去绝大部分雄花和卷须，除每隔 2~3 节留一朵雄花外，可将多余的雄花和卷须及早摘除，以减少养分的消耗；结合采摘提早疏去畸形果；当丝瓜主蔓长至上方镀锌钢丝时，基部果实已采收完毕，基部叶片衰老变黄时，剪去基部老叶，并将镀锌钢丝钩上的绳索下放 30cm 左右，此时丝瓜蔓自然下落，赢得继续上长空间。如此反复进行，蔓长可达 6~8m，这样可延长结果期，创造丝瓜高产条件。

3. 激素保果与人工授粉

大棚丝瓜生长前期因无雄花或低温影响坐果，可利用 0.003% 的 2，4-D 点花或 50 倍液的高效坐果灵涂抹果柄。稍后 10 天左右，每天早晨 9 时前进行人工辅助授粉以提高坐果率与成瓜率。

4. 追肥

肥水管理原则：采一次果追一次肥。生长前期视生长情况每周用滴灌追肥一次；结果期每采一次用滴灌追一次肥，结合沟施。追肥最好用全量冲施水，施用浓度 0.2%~0.3%。

5. 病虫害防治

丝瓜的病害主要有枯萎病、疫病、细菌性角斑病、白粉病、根结线虫病，枯萎病用恶霉灵 600~800 倍液或甲霜恶霉灵 800~1 000 倍液灌蔸；疫病、细菌性角斑病、白粉病分别用可杀得、农用链霉素、"靠山多霸"果菜多功能生物制剂喷雾防治；根结线虫病用根线宝在定植成活后灌蔸预防。虫害主要有蚜虫、黑守瓜、斑潜蝇、瓜绢螟和瓜实蝇虫害等。蚜虫可用吡虫啉或大功臣喷雾防治；黑守瓜用 10% 氯氰菊酯乳油 1 500~3 000 倍液喷雾防治；

斑潜蝇用4.5%高效氯氰菊酯乳油、20%灭虫胺可溶粉剂、1.8%阿维菌素水乳剂喷雾防治；瓜绢螟可用阿维菌素或氯氰菊酯乳油喷雾防治；瓜实蝇用粘蝇板或在粘板上喷洒果瑞特进行诱杀防治。

（六）采收

大棚春提早栽培丝瓜于4月下旬就可始收。大棚丝瓜开花结果早，温度低，果实发育较慢，生产上应尽早采收根果，一般在雌花开花后12～15天、瓜重300～500g、花蒂尤存时采收为宜，采收时应用剪刀剪下，不要拉伤茎蔓。

二、秋延后栽培

（一）品种选择

宜选择节间短、叶片小、前期耐热，后期耐寒抗病性较强，雌花率高，果实发育快，丰产性和商品性好的品种。目前适于湖南省秋延后栽培的主要丝瓜品种有长沙肉丝瓜（短棒型）、湘研珍棒丝瓜、早优8号丝瓜、早优3号丝瓜（短棒型）、早香2号丝瓜（白皮型）、早皱2号（皱皮型）等。

（二）播种育苗

7月中下旬露地穴盘育苗，亩用种量300g左右，播种前一般用50～55℃温水浸种15min，常温水继续浸种8～10h，使其吸水膨胀以促进发芽。将32孔穴盘装好基质后整齐置于苗床上，浇足底水，然后打孔播种，每孔播种1粒，播种深度为1.5～2.0cm，播种时种子平摆，播后覆盖基质，覆盖遮阳网防晒保湿。4～5天幼苗开始拱土即揭开遮阳网，出苗后尽量降低基质湿度，基质不现白不打水，促使幼苗根系下扎，以防猝倒病发生。待幼苗基生叶充分展开时，加强肥水管理，以干湿交替为原则，促进地上部真叶生长。待幼苗长至二叶一心时准备移栽到大棚。

（三）整地施肥

参照春提早栽培执行，注意菜饼要先发酵后施用，畦面改用银黑双色地膜覆盖。

（四）移苗定植

当丝瓜幼苗长至二叶一心，也就是苗龄 20 天左右时定植为宜，选择阴天下午进行定植。每畦栽 2 行，穴距 40~50cm，每亩定植 1 600 株左右，定植后浇上压蔸水，次日浇复水，成活后用根线宝 750 倍液 200ml 灌蔸预防根结线虫病，并用土杂肥封严定植孔。

（五）田间管理

定植后以遮阳降温保湿为主，促苗成活。大棚四周敞开放风，棚顶盖银灰色遮阳网至缓苗，然后视棚内温度高低决定是否盖网。10 月中旬要考虑将裙膜盖上保温，白天棚内温度维持在 20~30℃，高于 30℃ 卷膜通风降温，低于 20℃ 放膜保温。遇低温阴雨天气，不能长期闭棚，白天应短时间放风 2~3 次，以免棚内湿度过高诱发叶部病害，且长期闭棚 CO_2 得不到补充。10 月中下旬气温下降时及时扣棚保温，选晴好天气中午适时放风。

其他吊绳引蔓、植株调整、人工授粉、肥水管理、病虫害防治等项工作参照春提早栽培执行。

（六）采收

丝瓜是以嫩瓜为商品瓜，因此要及时采收。一般在雌花开花后 12~15 天，瓜重 300~500g、花蒂尤存时采收为宜，采收时应用剪刀剪下，不要拉伤茎蔓。

第九节　设施厚皮甜瓜栽培

一、春提早栽培

（一）品种选择

宜选择耐湿、耐弱光、抗病性强、叶片小、分枝性弱、易坐果、耐裂果、糖度高，口感品质好的早熟品种。目前适于湖南省春提早栽培的主要厚皮甜瓜品种有江淮银蜜、江淮蜜三号、江淮里外红、丰蕾、爱乐白银蜜、雪峰蜜五号等。

（二）早育壮苗

厚皮甜瓜春提早栽培成功的关键是采用电热加温育苗措施，因厚皮甜瓜幼苗耐低温能力弱，如不采用加温措施，即使播种再早，也因温度不够而不能培育适龄壮苗，往往形成小僵苗。一般于2月中下旬在大棚内采用电热加温育苗，亩用种量2 000粒，播前温水浸种2h，再温汤（55～60℃）浸种10min，清水冲洗种子数遍，拌湿润煤灰于28～30℃下保湿催芽18～24h，种子露白即可播种。播种前先铺好电热温床，具体操作如下：在大棚内平整床底，底宽1.1m，长度12m左右，再铺10cm厚的稻草作隔热层，然后布电热线4个来回（8条），用细土盖没电热线，再将32孔穴盘装好基质后整齐置于苗床上，浇足底水，然后打孔播种，每孔播种1粒，盖好基质后随即覆盖地膜，再加盖小拱棚保温保湿，维持床温25℃左右。幼苗开始拱土即揭开地膜，随后降温降湿，加强光照。待幼苗子叶充分展开破心时，加强肥水管理，以干湿交替为原则，促进地上部真叶生长。白天床温15℃以上时揭开小拱棚，夜晚盖上保温。待幼苗长至二叶一心时准备移栽到大棚。

（三）整地施肥

于前作收获后土壤翻耕前，每亩撒施生石灰100～150kg，进行土壤消毒。土壤翻耕后，每亩撒施饼肥100～150kg或商品有机肥300kg、硫酸钾型复合肥50kg、钙镁磷肥50kg。将肥料与土壤混匀，然后进行整地作畦，8m宽大棚作畦4块，畦面宽100cm，略呈龟背形，沟宽70cm，沟深30cm，整地后每畦铺设滴灌一条，随即覆盖无色透明地膜。整地施肥工作应于移栽前1周完成。

（四）移苗定植

移苗定植在3月中下旬选择晴天下午进行，每畦栽2行，穴距45cm，每亩定植1 500株，栽后及时浇上压蔸水，成活后用1 500倍液噻唑膦（伏线宝）200ml灌蔸预防根结线虫病，随即用土杂肥封严定植孔。若棚内气温低，要加盖小拱棚保温促进生根发苗。

（五）田间管理

1. 及时揭盖棚膜，调节温湿度

定植后以闭棚保温保湿为主，促苗成活，早生快发。当晴天气温回升快时，应于中午前后2h揭膜或卷膜通风，阴雨寒潮天气则闭棚保温，若阴雨时间长，棚内湿度大，要注意短时间揭膜或卷膜通风，排除湿气，做到勤揭勤盖。当气温稳定通过15℃以上时，应拆除棚内小棚，加强大棚卷膜通风，无风雨的夜晚大棚两边卷膜不放下，促苗稳健生长。当气温稳定在25℃以上时可把卷膜全打开，但天膜不拆除，仍可作避雨之用，以防连续阴雨造成田间湿度大，诱发病害流行。

2. 吊绳引蔓，植株调整

当蔓长0.3m时，应及时吊绳引蔓。具体做法是分别在定植行的地面上拉一条绳子和上方拉1道镀锌钢丝，钢丝下方每隔6～8m打一木桩以支撑钢丝，防钢丝下沉，同时减少大棚两端的承受力。然后将2m长的鱼网绳绑于上方镀锌钢丝上（每株绑1根绳），下方缚绑于地面绳索上，再将甜瓜蔓绕绳而上，每隔2～3天绕一次，绕蔓应在下午进行。厚皮甜瓜每节都会发生侧蔓，侧蔓不长，一般1～2节就会出现雌花，全靠侧蔓结果。如坐果节位低果实小，故13节以下的侧蔓全部剪除，选留13～15节的侧蔓坐果才能结大果，坐果节位以上发生的侧蔓同样剪除以免消耗营养，坐稳果后，果上方主蔓留8～10叶断顶以集中养分供应到果实。剪侧蔓要在晴天进行，不能全部剪掉，要留3～4cm长的保护节，以免发生腐烂传染到主蔓引起蔓枯病。最好是剪后涂上300倍的甲基托布津溶液。

3. 激素保果，适位坐果

大棚早春气温低、阴雨天多导致昆虫活动少，影响甜瓜的授粉受精，常常坐果不住。一般采用激素［（吡效隆）1支（10ml）］对水3～4kg浸瓜胎，常选择13～15节的幼果于当天下午处理较好，每株处理3个果，果坐稳后选留1～2个形状周正的果，其余摘除。

4. 吊瓜护瓜

当甜瓜果重达500g以上时，应进行吊瓜，以防果实增重时突然堕落于地面，损坏果实。吊瓜宜在下午进行，用尼龙网兜兜住果实，吊在吊绳上。

5. 肥水管理

管理原则：酌施苗肥，重施果肥。生长前期视生长情况每周用滴灌追肥一次；稳果后每周用滴灌追一次肥。追肥最好用全量冲施水，施用浓度0.2%~0.3%。

6. 及早预防病虫害

厚皮甜瓜的病害主要有枯萎病、蔓割病、白粉病、根结线虫病，枯萎病用恶霉灵600~800倍液或甲霜恶霉灵800~1 000倍液灌兜；蔓割病的防治主要是控制大棚湿度、防止伤口感染，防止伤口感染是在伤口处涂上300倍的甲基托布津溶液；白粉病可用"靠山多霸"果菜多功能生物制剂喷雾预防或用粉尽（70%甲硫·乙嘧酚）喷雾防治；根结线虫病用1 500倍液噻唑膦（伏线宝）200ml在苗期灌兜预防。虫害主要有斑潜蝇、蚜虫，白粉虱、红蜘蛛，斑潜蝇用打潜喷雾防治，蚜虫可用吡虫啉或大功臣喷雾防治；白粉虱发生初期在大棚内张挂白粉虱粘虫板（30张/棚）进行诱杀，发生盛期采用联苯菊酯或呋虫胺叶面喷雾杀卵和白粉虱烟雾剂熏蒸。红蜘蛛发生初期释放捕食螨预防，发生盛期用阿加尼（13%阿维·螺螨酯）叶面喷雾或红蜘蛛烟雾剂熏蒸。

（六）适时采收

大棚春提早栽培厚皮甜瓜于6月中下旬果实陆续成熟。采收标准：厚皮甜瓜采收期是否适宜，直接影响果实的商品价值。采收过早，含糖量低，缺乏香甜味；采收过晚，果肉组织软绵，瓜瓤化解，糖分下降，商品性降低。适宜采收期应在糖分达到最高点，果实未变软时进行。具体采收时期可根据品种特性进行推算，一般早熟品种开花后40~45天，晚熟品种开花后50~60天，果实即可成熟。授粉时，可在吊牌上记载授粉日期，作为开花日期，以此计算果实成熟日期。还可由果实形状来判断其成熟与否。色泽鲜艳的黄皮瓜果皮转黄色时，白皮瓜由白色带灰转为有光泽的乳白色，网纹瓜以网纹变清晰均匀时，果蒂部形成环状裂纹，软肉品种脐部开始变软，用手指轻轻按果皮可以感觉到有弹性，果实发出浓郁的香味时，就达到采收标准。

采收果实应在温度较低的清晨进行，收获时要保留瓜梗及瓜梗着生的一小段结果枝，用手托住瓜，用剪刀剪成"T"字形，果实上贴上标签，用塑料网套包装，单层纸箱装箱，纸箱上设计通风孔，内衬垫碎纸屑，切勿使果实在纸箱内晃动，封箱后即可上市。

二、秋延后栽培

（一）品种选择

宜选择耐热、抗病毒能力强、叶片小、分枝性弱、易坐果、耐裂果、糖度高，口感品质好的早中熟品种。目前适合湖南省春提早栽培的厚皮甜瓜品种均能作秋延后栽培，主要品种有江淮银蜜、江淮蜜三号、江淮里外红、丰蕾、爱乐白银蜜、雪峰蜜五号等。

（二）适期育苗

一般在7月上中旬播种育苗为宜。亩用种量1 800粒，采用干籽直播，先将32孔穴盘装好基质后放入浅水营养池中，浇足底水，然后打孔播种，每穴播种1粒，盖好基质后随即覆盖遮阳网保湿。2～3天幼苗开始拱土即揭开遮阳网，秧苗在育苗基质中扎根生长，并能从基质和营养液中吸收水分和养分。待幼苗长至三叶一心时准备移栽到大棚。

（三）整地施肥

参照春提早栽培执行，注意菜饼要先发酵后施用，畦面改用银黑双色地膜覆盖。

（四）移苗定植

移苗定植在7月中下旬傍晚进行，每畦栽2行，穴距45cm，每亩定植1 500株，栽后及时浇上压蔸水，成活后用1 500倍液噻唑膦（伏线宝）200ml 灌蔸预防根结线虫病，随即用土杂肥封严定植孔。

（五）田间管理

定植后以遮阳降温保湿为主，促苗成活。大棚四周敞开放风，棚顶盖银灰色遮阳网至缓苗，然后视棚内温度高低决定是否盖网。10 月上旬要考虑将裙膜盖上保温，白天棚内温度维持在 25 ～ 33℃，高于 33℃卷膜通风降温，低于 25℃放膜保温。遇低温阴雨天气，不能长期闭棚，白天应短时间放风 2～3 次，以免棚内湿度过高诱发蔓枯病，且长期闭棚 CO_2 得不到补充。

其他吊绳引蔓、植株调整、激素保果、适位坐果、吊瓜护瓜、肥水管理、病虫害防治等项工作参照春提早栽培执行。

（六）适时采收

大棚秋延后栽培厚皮甜瓜于 10 月上中旬果实陆续成熟。采收标准：厚皮甜瓜采收期是否适宜，直接影响果实的商品价值。采收过早，含糖量低，缺乏香甜味；采收过晚，果肉组织软绵，瓜瓤化解，糖分下降，商品性降低。适宜采收期应在糖分达到最高点，果实未变软时进行。具体采收时期可根据品种特性进行推算，一般早熟品种开花后 40～45 天，晚熟品种开花后 50～60 天，果实即可成熟。授粉时，可在吊牌上记载授粉日期，作为开花日期，以此计算果实成熟日期。还可由果实形状来判断其成熟与否。色泽鲜艳的黄皮瓜果皮转黄色时，白皮瓜由白色带灰转为有光泽的乳白色，网纹瓜以网纹变清晰均匀时，果蒂部形成环状裂纹，软肉品种脐部开始变软，用手指轻轻按果皮可以感觉到有弹性，果实发出浓郁的香味时，就达到采收标准。

采收果实应在温度较低的清晨进行，收获时要保留瓜梗及瓜梗着生的一小段结果枝，用手托住瓜，用剪刀剪成"T"字形，果实上贴上标签，用塑料网套包装，单层纸箱装箱，纸箱上设计通风孔，内衬垫碎纸屑，切勿使果实在纸箱内晃动，封箱后即可上市。

第十节　设施小西瓜栽培

一、春提早栽培

（一）品种选择

选用耐低温弱光、生长势较强、容易坐果的小果型西瓜品种，如红小玉、黄小玉小时、金福、小玉九号、小玉 5 号、东方美玉和小果无籽西瓜品种小玉红、小玉黄、博帅、金福无籽等。

（二）早育壮苗

一般于 2 月中下旬在大棚内采用电热加温育苗，亩用种量 2 500粒，播前温水浸种 4h，再温汤（55～60℃）浸种 10min，清水冲洗种子数遍，拌湿润煤灰于 30℃下保湿催芽 2 天左右，种子露白即可播种。播种前先铺好电热温床，具体操作如下：在大棚内平整床底，底宽 1.1m，长度 12m 左右，再铺 10cm 厚的稻草作隔热层，然后布电热线 4 个来回（8 条），用细土盖没电热线，再将 32 孔穴盘装好基质后整齐置于苗床上，浇足底水，然后打孔播种，每孔播种 1 粒，盖好基质后随即覆盖地膜，再加盖小拱棚保温保湿，维持床温 25℃左右。幼苗开始拱土即揭开地膜，随后降温降湿，加强光照。待幼苗子叶充分展开破心时，加强肥水管理，以干湿交替为原则，促进地上部真叶生长。白天床温 15℃以上时揭开小拱棚，夜晚盖上保温。待幼苗长至二叶一心时准备移栽到大棚。

（三）整地施肥

于前作收获后土壤翻耕前，每亩撒施生石灰 100～150kg，进行土壤消毒。土壤翻耕后，每亩撒施饼肥 100～150kg 或商品有机肥 300kg、硫酸钾型复合肥 35kg、钙镁磷肥 50kg。将肥料与土壤混匀，然后进行整地作畦，8m 宽大棚作畦 5 块，畦面宽 100cm，略呈龟背形，沟宽 60cm，沟深 30cm，整地后每畦铺设滴灌一条，随即覆盖无色透明地膜。整地施肥工作应于移栽前 1 周完成。

（四）移苗定植

移苗定植在 3 月上中旬选择晴天上午进行，每畦栽 2 行，穴距 40cm，每亩定植 2 000 株，栽后及时浇上压蔸水，随即用土杂肥封严定植孔。若棚内气温低，要加盖小拱棚保温促进生根发苗。

（五）田间管理

1. 及时揭盖棚膜，调节温湿度

定植后以闭棚保温保湿为主，促苗成活，早生快发。当晴天气温回升快时，应于中午前后 2h 揭膜或卷膜通风，阴雨寒潮天气则闭棚保温，若阴雨时间长，棚内湿度大，要注意短时间揭膜或卷膜通风，排除湿气，做到勤揭勤盖。当气温稳定通过 15℃ 以上时，应拆除棚内小棚，加强大棚卷膜通风，无风雨的夜晚大棚两边卷膜不放下，促苗稳健生长。当气温稳定在 25℃ 以上时可把卷膜全打开，但天膜不拆除，仍可作避雨之用，以防连续阴雨造成田间湿度大，诱发病害流行。

2. 吊绳引蔓，植株调整

当蔓长 0.3m 时，应及时吊绳引蔓。具体做法是分别在定植行的地面上拉一条绳子和上方拉 1 道镀锌钢丝，钢丝下方每隔 6～8m 打一木桩以支撑钢丝以防钢丝下沉，同时减少大棚两端的承受力。然后将 2m 长的鱼网绳绑于上方镀锌钢丝上（每株绑 1 根绳），下方缚绑于地面绳索上，再将西瓜主蔓绕绳而上，每隔 2～3 天绕一次，绕蔓应在下午进行。对西瓜主蔓上发生的侧蔓要在绕蔓的同时全部剪除，仅留主蔓向上生长结果。坐果节位以上发生的侧蔓同样剪除以免消耗营养，坐稳果后，果上方主蔓留 8～10 叶断顶以集中养分供应到果实。剪侧蔓要在晴天进行，不能全部剪掉，要留 3～4cm 长的保护节，以免发生腐烂传染到主蔓引起蔓枯病。

3. 人工授粉，适位坐果

西瓜一般主蔓 8～10 节会出现第一雌花，以后每隔 5～6 节发生一个雌花，因第一雌花坐果果实小，选留第 2 雌花坐果为宜、如第 2 雌花坐果不成，留第 3 雌花坐果。大棚西瓜开花时气温低、阴雨天多导致昆虫活动少，影响西瓜的授粉受精，常常坐果不住，应采取人工授粉。授粉应在 6~9 时进行，采下雄花去掉花冠，将雄花的雄蕊轻轻的在雌花柱头上涂抹，每朵雄花可授 2 朵雌花。

4. 吊瓜护瓜

当西瓜果重达 500g 以上时，应进行吊瓜，以防果实增重时突然堕落于地面，损坏果实。吊瓜宜在下午进行，用尼龙网兜兜住果实，吊在吊绳上。

5. 肥水管理

肥水管理原则：酌施苗肥，重施果肥。生长前期视生长情况每周用滴灌追肥一次；稳果后每周用滴灌追一次肥。追肥最好用全量冲施水，施用浓度 0.2%~0.3%。

6. 病虫害防治

西瓜主要病害有枯萎病、蔓枯病、斑点病、炭疽病、霜霉病、白粉病和疫病等，害虫主要有地老虎、蚜虫、叶螨、蓟马、黄守瓜、斜纹夜蛾、瓜绢螟等。枯萎病可采用嫁接换根方法预防；蔓枯病、斑点病、炭疽病等可选用 70% 甲基托布津可湿性粉剂 1 000 倍液、25% 阿米西达（嘧菌酯）悬浮剂 1 500 倍液、50% 保利多可湿性粉剂 2 500 倍液、70% 安泰生可湿性粉剂 600 倍液、10% 世高可湿性粉剂 1 500 倍液等喷雾；霜霉病、疫病可用 72% 克露可湿性粉剂 800 倍液、科佳悬浮剂 1 500 倍液喷雾；白粉病可用 40% 福星乳油 6 000 倍液、25% 粉锈宁可湿性粉剂 1 500 倍液喷雾。防治蚜虫、蓟马、叶螨可选用 1% 杀虫素乳油 2 500 倍液、10% 一遍净可湿性粉剂 2 500 倍液等喷雾；黄守瓜于盛发期喷施 90% 敌百虫晶体、40% 氰戊菊酯、35% 溴氰菊酯 4 000 倍液；防治瓜绢螟可用 5% 锐劲特悬浮液 2 500 倍液喷雾；防治斜纹夜蛾、烟青虫可用 15% 安打乳油 4 000 倍液、奥绿 1 号悬浮剂 800 倍液、10% 除尽悬浮剂 1 500 倍液等喷雾。

（六）及时采收

小西瓜从开花至果实成熟一般只需 4 周，应八九成熟时及时采收，采收时轻拿轻放，以防果实破裂，远途运输最好用专用果套套出，用纸箱包装，每箱 4~6 个。

二、秋延后栽培要点

(一) 适期播种

湖南省秋延后栽培小西瓜播期较长，从 7 月上旬至 8 月上旬均可播种。

(二) 穴盘育苗

采用 32 孔穴盘育苗，浸种消毒后直播，苗龄 15 天。

(三) 双色膜覆盖

秋延后西瓜正值高温干旱季节土温高，水分蒸发快，蚜虫发生严重。采用银黑双面膜覆盖土面不仅可起到降低土壤温度，防止水分蒸发的作用，而且可以避免蚜虫发生。

(四) 及时防治病虫

秋延后西瓜栽培成功的关键是及时防治病虫害，因此期高温干旱，病虫害猖獗，控制难度大。主要病害有病毒病、蔓枯病、炭疽病病毒病用病毒 A、病毒灵、病毒必克从苗期开始预防；蔓枯病发病初期用 50% 甲基托布津可湿性粉剂 500 倍液叶面喷雾、发病高峰期用露娜森 2 500 倍液喷雾防治；炭疽病用 80% 代森锰锌可湿性粉剂（大生）700~800 倍液或 1% 半量式波尔多液或 75% 百菌清 500 倍液进行防治。主要虫害有蚜虫、瓜绢螟、斜纹夜蛾、甜菜夜蛾。蚜虫用银灰地膜覆盖避蚜或乐果、大功臣、吡虫啉防治；瓜绢螟、斜纹夜蛾、甜菜夜蛾用米螨、除尽防治。

(五) 匀施肥水

秋延后西瓜易遇干旱，应注意肥水管理，不宜过于干旱，也不宜肥水过猛。如干旱后供应肥水过猛，容易裂果，尤为注意匀施肥水保证果实均匀膨大。

第十一节　设施南瓜栽培

一、春提早栽培

（一）品种选择

春提早栽培宜选择耐寒性强、雌花节位低、节成性高、坐瓜多的品种。目前适于湖南省春提早栽培的南瓜品种主要有嫩早一号、嫩早二号、一串铃 1 号早南瓜、一串铃 3 号早南瓜等。

（二）早育壮苗

一般于 1 月下旬至 2 月上旬在大棚内采用电热加温育苗，亩用种量 160 ~ 200g，播种前先晒种 1 ~ 2 天，再浸种 3 ~ 4h。为预防苗期病害，可在浸种之后用 72.2% 普力克水剂或 25% 甲霜灵可湿性粉剂 800 倍液浸种 0.5h，然后用清水冲洗种子数遍，除去药液，捞出种子晾 1 ~ 2h，待种子表面干爽后用湿毛巾包好置于 28 ~ 32℃恒温箱中催芽 36h 左右，待 70% 种子胚根显露（俗称露白）时即可播种。

播种前先铺好电热温床，具体操作如下：在大棚内平整床底，床宽 1.1m，床长 12m 左右，再铺 10cm 厚的稻草作隔热层，然后布电热线 4 个来回（8 条），用细土盖没电热线，再将 32 孔穴盘装好基质后整齐置于苗床上，浇足底水，然后打孔播种，每孔播种 1 粒，盖好基质后随即覆盖地膜，再加盖小拱棚保温保湿。白天保持小拱棚内温度 25 ~ 30℃，晚上保持在 12 ~ 15℃。幼苗开始拱土即揭开地膜，随后降温降湿，加强光照。保持床温 15 ~ 20℃，气温 20 ~ 25℃，做到尽量降低基质湿度，基质不现白不打水，促使幼苗根系下扎，同时以防猝倒病发生。待幼苗子叶充分展开破心时，加强肥水管理，以干湿交替为原则，促进地上部真叶生长。白天床温 15℃以上时揭开小拱棚，夜晚盖上保温。

壮苗标准：苗龄 25 ~ 30 天，株高 10cm 左右，茎粗 0.4cm 以上，叶片 3 ~ 4 片真叶，叶色浓绿，根系发育良好，布满整个基质块。具体表现为下胚轴短壮、子叶肥大、平展、对称、色浓绿、根系发达而色白。

（三）整地施肥

于前作收获后土壤翻耕前，每亩撒施生石灰 100～150kg，进行土壤消毒。土壤翻耕后，每亩撒施商品有机肥 500kg、硫酸钾型复合肥 35kg、钙镁磷肥 50kg。用旋耕机旋耕土壤 1～2 遍，将肥料与土壤混匀，然后进行整地作畦，8m 宽大棚作畦 4 块，畦面宽 140cm，略呈龟背形，沟宽 60cm，沟深 30cm，整地后每畦铺设滴灌一条，随即覆盖无色透明地膜。整地施肥工作应于移栽前 1 周完成。

（四）提早定植，合理密植

雨水前后，选择晴好天气定植于大棚内。为了提高前期产量及总产量，以主蔓结瓜密植栽培。每畦栽 2 行，株距 45cm，每亩定植 1 600 株左右。定植时要挑选健壮苗，淘汰弱苗、无生长点的苗、子叶不正的苗、散坨伤根的苗和带病的黄化苗。一般栽苗深度以子叶节位平地面为宜。栽后及时浇上压蔸水，随即用土杂肥封严定植孔。若棚内气温低，要加盖小拱棚保温促进生根发苗。

（五）田间管理

1. 及时揭盖棚膜，调节温湿度

定植后以闭棚保温保湿为主，促苗成活，早生快发。当晴天气温回升快时，应于中午前后 2h 揭膜或卷膜通风，阴雨寒潮天气则闭棚保温，若阴雨时间长，棚内湿度大，要注意短时间揭膜或卷膜通风，排除湿气，做到勤揭勤盖。当气温稳定通过 15℃ 以上时，应拆除棚内小棚，加强大棚卷膜通风，无风雨的夜晚大棚两边卷膜不放下，促苗稳健生长。当气温稳定在 20℃ 以上时可把卷膜全打开，但天膜不拆除，仍可作避雨之用，以防连续阴雨造成田间湿度大，诱发病害流行。

2. 搭架整枝，激素保果

当蔓长 0.5m 时，注意引蔓，将蔓引向对面，相对两株应稍分开避免缠绕一起。待蔓长 1.5m 时再向上吊绳绑蔓引上棚架，此时去掉小拱棚，采用双蔓整枝，留主蔓和茎基部一条侧蔓，其余侧枝全部整除；也可只留主蔓，茎基部侧枝全部整除。摘去因缺肥水或授粉不良引起的畸形瓜，叶片较密时，摘除下部老叶、病叶以利通风、透光。

南瓜生长前期氮肥过多，容易引起茎叶徒长，不易坐瓜。早南瓜一般 6~9 叶现雌花，此时雄花很少，可用"国光"坐瓜灵 1 支对水 3~4kg 于 16 时后用手持喷雾器均匀喷花，以确保坐果成功。为提高早期产量。坐瓜后可叶面喷施 0.3%~0.5% 的磷酸二氢钾溶液 2~3 次，以促进植株和果实生长。

3. 肥水管理

早熟南瓜定植成活后，须及时用速效性液肥催苗 1~2 次，可于封行前重施一次追肥。当第一次采收嫩瓜后，为了促进后续果成活生长，可追肥一次，每亩施尿素 20kg。以后全生长期要大肥水，每采收 1~2 次穴施三元复合肥 25kg、尿素 20kg，及时浇水，保持土壤湿润。

4. 及时喷药，预防病虫害

南瓜整个生长期虫害发生较轻，定植时防小地老虎，可用毒饵诱杀。定植穴可用辛硫磷浇施，辛硫磷傍晚时用。前期有蚜虫、黄守瓜和潜叶蝇为害，可用 40% 乐果乳油 800 倍液或 55% 农地乐 1 500 倍液防治。南瓜生长中后期白粉病、病毒病发生较重。病毒病对生产影响较大，应从苗期开始预防，可用 20% 病毒 A 可湿性粉剂 500 倍液或 1.5% 植病灵乳剂 800 倍液防治。白粉病可用 50% 加瑞农 700 倍液；20% 三唑酮（粉锈宁）乳油 2 000 倍液；75% 百菌清 600 倍液；64% 杀毒矾可湿性粉剂 600 倍液喷雾，防效较好。

（六）及时采摘上市

大棚早熟栽培南瓜就是为了采收嫩瓜上市，适时采收、提早上市是增产增效的有效措施。第一瓜一般 400~500g 就可采收，以利后续幼瓜养分供应。嫩早 1 号南瓜嫩瓜皮色白绿，雌花开放后 7～10 天（3 月下旬至 4 月上旬）即可采收上市。每亩嫩瓜产量 2 000～2 500kg。

二、秋延后栽培

（一）品种选择

大棚秋延后栽培宜选用早熟、抗病、耐湿、耐阴、低温结果较好的品种，如嫩早一号、嫩早二号、一串铃 2 号南瓜等。

（二）培育壮苗

1. 适时播种

秋延后南瓜栽培的播种期对其产量的形成具有较大的影响。播种过早，受高温干燥气候的影响，蚜虫为害易传毒引起病毒病流行；播种过迟，则缩短了适宜于南瓜生长发育的时间，不利于产量的提高，一般 7 月下旬至 8 月初播种。

2. 种子处理

先用清水漂去成熟度较差的种子，为预防苗期病害，可在浸种之后用 72.2% 普力克水剂或 25% 甲霜灵可湿性粉剂 800 倍液浸种 0.5h 后催芽。浸种期间用 30℃温水淘洗种子 3 次，除去种子表面的黏液，种子捞出后晾 2h，待种子表面干爽后播种。

3. 播种

采用 32 孔穴盘育苗，亩用种量 160～200g。将装好基质的穴盘整齐置于苗床上，浇足底水，然后打孔播种，每孔播种 1 粒，盖好基质后随即覆盖遮阳网降温保湿，2～3 天幼苗开始拱土即揭开遮阳网。

4. 苗期管理

育苗期间正值高温、强光、暴雨季节，注意搞好遮阳降温和避雨防病工作。苗期温度高，极易徒长，可采用化学控制，在 1 叶、3 叶期各喷 1 次 50% 的矮壮素 2 500 倍液，可有效防止徒长。苗期每隔 10 天喷盐酸马啉呱或宁南霉素预防病毒病；喷达螨灵或霸螨灵预防茶蟥螨，发生蚜虫和白粉虱时要及时用吡虫啉和联苯菊酯喷雾防治。

5. 壮苗标准

苗龄在 25～30 天，株高 10cm 左右，茎粗 0.4cm 以上，叶片 3～4 片真叶，叶色浓绿，根系发育良好，布满整个基质块。具体表现为下胚轴短壮、子叶肥大、平展、对称、色浓绿、根系发达而色白。

（三）整地施肥

参照春提早栽培执行，如果使用饼肥要先发酵后施用，畦面改用银黑双色地膜覆盖。

（四）适时移栽，合理密植

移栽期一般控制在 8 月中下旬，选阴天移栽。晴天移栽，要选在傍晚天气较凉的时候，有条件的可在大棚膜上加盖遮阳网。定植密度一般每畦栽双行，株距 45cm，每亩定植 1 600 株左右。定植后立即浇上压蔸水，并用土杂肥封严定植孔。次日视情况浇复水 1～2 次，促进缓苗。

（五）田间管理

1. 及时揭盖棚膜

棚膜一般在移栽前就要盖好，但 10 月前因温度较高，所以棚四周的膜基本上是敞开的，只覆盖防虫网，只是在风雨较大的情况下，才将膜盖上，以防雨水冲刷植株引起发病，雨停后又要及时将膜揭开。到 10 月中旬，当白天棚内温度降到 25℃ 以下时，棚膜开始关闭，但要经常注意温度的变化，当棚内温度高于 25℃ 以上时，要开始揭膜通风。阴雨天棚内湿度大时，可在气温较高的中午通风数小时。总原则是植株生长期控制温度不高于 28℃，瓜果膨大期控制温度不高于 20℃，也不低于 10℃，在这个温度界线上，来进行大棚门窗的关与闭，覆盖物的盖与揭。湿度的管理，使用了地膜覆盖，问题不是很大。

2. 及早防病治虫

秋延后南瓜前期易发生病毒病，中后期易染灰霉病、白粉病。

病毒病的防治主要抓好两点：一是及时防治好蚜虫的发生，因为蚜虫是病毒病的传播者。二是用盐酸马啉胍或宁南霉素喷雾预防。特别要注意抓好苗期病毒病的防治，一般是在苗期喷 2 次，开花期和坐果期各喷一次。发病初期可喷 20% 病毒 A 或 15% 病毒灵 2~3 次，如有蔓延趋势，用抗毒剂 1 号 250~300 倍喷 3~4 次；白粉病发生后，用 20% 粉锈宁、50% 硫黄悬浮剂、2% 农抗 120 喷雾均有较好效果。出现灰霉病，初期用 10% 速克灵烟剂或 45% 百菌清烟剂夜间熏棚，晴天也可用 50% 扑海因或 50% 速克灵喷雾防治。棚内出现病害后，加强药剂防治同时，还要注意控制浇水，晴天要加大通风量排出湿气。

虫害主要是蚜虫和茶黄螨。蚜虫可用吡虫啉防治，但喷药时应注意将药液喷到叶片背面。茶黄螨可用集琦虫螨克、5% 卡死克乳油 1 000 倍液喷雾，每隔 10~14 天喷一次，连续 3~4 次，可以得到较好的防治效果。喷药时应注意在植株上部的嫩叶背面、嫩茎、花器和幼果上。

其他搭架整枝、人工授粉或激素保果、肥水管理等项工作参照春提早栽培执行。

（六）适时采摘

10 月中下旬，当瓜长到 400~500g 时就可采收。过大影响商品性，容易引起坠秧，造成秧蔓早衰和其他雌花脱落。

第十二节　设施冬瓜栽培

一、品种选择

选用耐低温弱光、耐湿抗病、第一雌花节位低、易坐果、节间短、生长势强、商品性能好的早中熟品种。目前适宜作春提早栽培的小冬瓜品种有小家碧玉、白星 102；大冬瓜品种有黑杂 2 号、墨地龙等。每亩大田用种量约为 75g。

二、早育壮苗

于 1 月下旬至 2 月上旬在大棚内采用电热加温育苗，亩用种量 75g，播种前先晒种 1~2 天，将种子置于盆中，倒入 55℃ 热水，用木棒和水温计沿一个方向不停地搅动，并随时添加热水，维持 55℃ 水温 10min，继续搅动。当水温降到 25℃ 时停止搅动，继续浸种 8~10h，洗涤干净，用几层湿纱布包好放在 32℃ 的恒温箱箱中催芽温 70% 种子露白即可播种，在大棚内按床宽 1.1m，床长 12m 左右平整床底，再铺 10cm 厚的稻草作隔热层，然后布电热线 4 个来回（8 条），用细土盖没电热线，再将 50 孔穴盘装好基质后整齐置于苗床上，浇足底水，然后打孔播种，挑选已经出芽种子播种，未出芽继续催芽，每孔播种 1 粒，盖好基质后随即覆盖地膜，再加盖小拱棚保温保湿，维持床温 25℃ 左右。70% 幼苗出土及时揭开地膜，随后降温降湿，加强光照。保持床温 16~20℃，气温 20~25℃，做到尽量降低基质湿度，基质不现白不打水，促使幼苗根系下扎。待幼苗子叶充分展开破心时，加强肥水管理，以干湿交替为原则，促进地上部真叶生长。白天床温 15℃ 以上时揭开小拱棚，夜晚盖上保温。注意病虫害防治，冬瓜苗期病害主要是猝倒病与根腐病，可分别用噁霉灵和多福喷雾防治，每隔 10 天喷一次。定植前 5~7 天，将温度逐渐降低至 13~15℃ 并控水进行炼苗。壮苗标准：5~6 片真叶，株高 6~8cm，叶色浓绿，茎秆粗壮，节间短，根系发达。一般苗龄 40~50 天。

三、整地施基肥

耕地前每亩撒施生石灰 100~150kg，进行土壤消毒。土壤翻耕后，每亩撒施商品有机肥 500kg 或饼肥 100~150kg、硫酸钾型复合肥 35kg、钙镁磷肥 50kg。用旋耕机旋耕土壤 1~2 遍，将肥料与土壤混匀，然后进行整地作畦，8m 宽大棚作畦 4 块，畦面宽 140cm，略呈龟背形，沟宽 60cm，沟深 30cm，整地后每畦铺设滴灌一条，随即覆盖无色透明地膜。整地施肥工作应于移栽前 1 周完成。

四、适时移栽，合理密植

大棚春提早冬瓜适宜定植期为 2 月底至 3 月初，抢晴天移植，每畦栽 2 行，株距 80cm，每亩定值 800 株，定植时要挑选健壮苗，淘汰弱苗、无生长点的苗、子叶不正的苗、散坨伤根的苗和带病的黄化苗。一般栽苗深度以子叶节位平地面为宜。栽后及时浇上压蔸水，随即用土杂肥封严定植孔。若棚内气温低，要加盖小拱棚保温促进生根发苗。

五、田间管理

（一）调节大棚温湿度

定植后一周内，密闭大棚增温缓苗，棚温超过 30℃ 时要通风换气。一周后棚温白天保持在 25 ~ 30℃，夜间 15 ~ 18℃，适时通风换气排湿。生长中后期随着棚温升高要更加大通风量，增大昼夜温差。大风天可在风的下游放小风，以排除棚内有害气体和湿气，防止徒长和病害的发生。风口地带的大棚放风时一定要注意早春风大，一定要注意护棚，防止大风扯膜。同时注意防范寒流侵袭，及时紧闭大棚。

（二）搭架及植株调整

采用一条龙篱笆式每株竖插一立桩，呈锯齿形立于定植行左右两边，距定植点 10 ~ 13cm。棚条首尾相接，距地 1.0 ~ 1.4m（依冬瓜果实长度而定）与立桩固定。整行立桩结成一条龙篱笆架式。纵观棚架象"义"字形延伸。一条龙篱笆式栽培蔓以立桩为圆心，适当距离为半径在畦面盘藤，接着绕立桩引蔓上架，其后的主蔓以棚条为圆心，以 60 ~ 80cm 为半径绕 2 ~ 3 个偏心圆延伸，使其叶片分布在不同的立体空间位置上。引蔓上架后，植株调整时注意刀具消毒，防止病菌感染。剪除卷须、侧枝、无效花蕾、空藤和遮光老叶。

（三）人工授粉

冬瓜属于雌雄同株异花植物，早春开花期间大棚内昆虫较少且光照较弱，直接影响授粉坐果，因此要及时进行人工辅助授粉。方法是每天上午9时以前，在棚内采摘当日刚刚盛开的雄花，去掉雄花花瓣，轻握雄花花柄往雌花柱头上涂抹，每朵雄花可授粉2朵雌花，授粉时一定要注意不要损伤柱头。

（四）选果护果

植株结果后一周左右，幼瓜长至一定大小时，选留果形端正、位置适中、无虫害、无伤口的果实，一般大冬瓜每棵选留1个果，小冬瓜每棵选留2~3个果。大冬瓜当果实长至2~3kg时，及时用绳子在瓜柄部将瓜吊起，如果瓜靠近畦面，要用干草垫瓜以防土面湿度过大引起烂瓜。

（五）肥水管理

追肥要根据植株的长势和土壤肥力水平来进行。定植7~10天后，结合浇缓苗水，追施一次提苗肥，以复合肥为主；中后期可用0.3%磷酸二氢钾和0.5%的尿素液进行叶面追肥；对于发育过缓的小苗除追施"偏心肥"外，也可喷适赤霉素促长；对于生长过旺的植株，除控制水肥外，可叶面喷施矮壮素控制旺长，促进雌花出现。生长前期应控水，宁干勿湿，见干见湿，防徒长；在开花期适当浇小水，以利于开化结果；在果实膨大期，浇一次大水，重施果肥，可每10天用滴灌追肥一次；追肥最好用全量冲施水，施用浓度0.2%~0.3%。

（六）病虫害防治

冬瓜的主要病害有疫病、炭疽病和果实绵腐病等。对这些病害的防治，应以防为主，注意栽培管理与药物防治相结合。其主要栽培措施是：注意轮作，避免连作，不宜选用前作是瓜类的土地来种植冬瓜；植地适当施生石灰（每亩撒施生石灰100~150kg），以促进土壤中对病原菌有拮抗作用的微生物活动，从而抑制病原菌；选用抗病较强的青皮类品种；合理施肥，增施有机肥，追肥要均匀，不过量偏施高浓度的速效氮肥；控制土壤湿度，雨天注意排除积水等。大棚冬瓜注意加强通风和水肥管理，使大棚内温湿度适宜，疫病用 58％瑞毒霉锰锌、64％杀毒矾、70％乙锰、75％百菌清 600 倍液喷雾。喷洒和灌根同时进行效果更好。每株灌药液约 300ml，隔 7 天左右 1 次，连续防治 2～3 次，效果明显。炭疽病可用 70％甲基托布津 1 000 倍液、75％百菌清 600 倍液、80％代森锌 800 倍液、65％好生灵 500 倍液、50％多菌灵 800 倍液、50％施保功 1 500～2 000 倍液、6.5％利枯灭（铁甲砷酸铵）1 000 倍液喷叶。绵腐病可在发病初期用 80％代森锌 600 倍液，50％琥胶肥酸铜（天 T）可湿性粉剂 500 倍液、14％络氨铜水剂 300 倍液，每隔 10 天左右喷施 1 次，连续防治 2～3 次，效果较好。

冬瓜的主要虫害有蚜虫、蓟马和美洲斑潜蝇等。防治蚜虫用吡虫啉喷雾；防治蓟马用可选用 98％巴丹 1 200 倍液、万灵粉 1 500 倍液、好年冬 300～500 倍液、七星宝 600 倍液、20％康福多 4 000 倍液，每隔 4～5 天喷 1 次，连续喷 3～4 次；防治斑潜蝇用 1.8％虫螨克（集奇）3 000～4 000 倍喷雾。

六、适时采收

大棚春提早冬瓜采摘抢早，冬瓜长有六七成熟时即可上市。采摘时注意勿损伤瓜秧，勿碰伤瓜皮，应以嫩瓜为主。

第十三节　设施豇豆栽培

一、春提早栽培

(一) 品种选择

宜选择耐低温弱光能力强，第一雌花节位低，结荚率高，叶片小，节间短，早期产量突出，商品性好且符合湖南地区种植和消费习惯的品种，目前适合大棚春提早栽培的主要品种有：之豇

28－2、长豇101、绿领玉龙、早翠等。

（二）培育壮苗

豇豆大棚提早栽培宜采用大棚育苗移栽，2月中下旬播种，亩用种量1.5～2kg。豇豆根系须根少、再生能力差，育苗粗放易造成伤根，影响定植后植株生长，因此，最好采用穴盘育苗，带基质移植，这样缓苗早、生长快、早上市。播种前先在大棚内平整床底，床宽1.1m，床长12m左右，再铺10cm厚的稻草作隔热层，然后布电热线4个来回（8条），用细土盖没电热线，再将32孔穴盘装好基质后整齐置于苗床上，浇足底水，然后打孔播干种，每孔播种3粒，盖好基质稍压实后覆盖地膜，再加盖小拱棚保温保湿。播种至出苗前，应保持苗床温度为25～30℃，促进幼苗迅速出土，待出苗率超过70％时，揭去地膜，以免地膜烫伤幼苗，出苗后，晴天棚内温度超过25℃，大棚和小拱棚两头揭膜通风，防止高温烧苗或出现高脚苗，注意通风时遵循由小到大的原则，防止大风扫苗。保持床温15～20℃，气温20～25℃，做到尽量降低基质湿度，基质不现白不打水，促使幼苗根系下扎，同时以防猝倒病发生。待幼苗子叶充分展开破心时即可移栽。

（三）整地施肥

前茬作物收获后，每亩撒生石灰150kg进行土壤消毒。土壤翻耕后，每亩撒施商品有机肥300kg或饼肥100kg、硫酸钾型复合肥30kg、钙镁磷肥50kg。用旋耕机旋耕土壤1～2遍，将肥料与土壤混匀，然后进行整地作畦，8m宽大棚作畦5块，畦面宽100cm，略呈龟背形，沟宽60cm，沟深30cm，整地后每畦铺设滴灌一条，随即覆盖无色透明地膜。整地施肥工作应于移栽前1周完成。

（四）提早定植，合理密植

豇豆定植苗龄不能太大，否则容易使根瘤受伤，一般苗龄在20～25天。每畦双行定植，行距60cm，株距40cm，每亩定植2 000穴左右。选择晴天定植，定植前秧苗用50％甲基托布津或50％多菌灵1 000倍液喷雾，带药下田。定植后浇定根水，用营养土封闭定植口，再加盖小拱棚保温防寒。

（五）田间管理

1. 及时揭盖棚膜，调节温湿度

定植后1周内，以闭棚为主，以保持棚内高温高湿，促进缓苗，棚内气温保持在白天25～30℃，夜间不低于15℃，空气相对湿度达60%～80%。晴天中午当棚内气温超过32℃时，应揭膜或卷膜通风换气，适当降温。遇到寒流天气时，将双膜盖严保温。缓苗后开始通风排湿降温，白天温度控制在300℃左右，夜间为15℃左右，防止幼苗徒长，加扣小拱棚的棚内也要通风，外界气温逐渐升高后幼苗生长加快，触及小拱棚顶时，拆去小拱棚。随着幼苗的生长，棚内温度逐渐提高，白天温度控制在30℃左右，夜间为15～20℃，棚内温度高于35℃或者低于15℃不利于豇豆的生长结荚。进入开花结荚期后，温度不宜太高，30℃以上会引起落花落荚，应及时通风，调节棚温，外界温度稳定在20℃以上时，逐渐卷开两边棚膜，以免棚温骤升骤降引起伤苗。

2. 搭架引蔓，植株调整

植株甩蔓30cm左右时及时搭架，一般搭2.4m高的人字架以减少遮光和便于采收，为节约成本也可用塑料绳垂直吊蔓。在豇豆的整个生长过程中要多次吊蔓上架，吊蔓应在晴天的下午进行，以防损伤植株，引蔓时按逆时针方向进行。注意阴雨天不要引蔓，以免造成伤口而引发病害。注满主蔓第一花序以下的侧芽及时抹除，第一花序以上的侧枝留1～2叶摘心；肥水条件充足的情况下，中后期主蔓上的侧枝不要摘心过重，可酌情考虑利用侧蔓结荚；主蔓长至架顶时进行摘心，以促进侧蔓翻花，增加结荚数量。

3. 肥水管理

肥水管理遵循前控后促的原则。开花结荚前期控制肥水，防止幼苗徒长及茎叶生长过旺，造成中下部空蔓；结荚后要加强肥水管理，促进结荚。磷酸钾配合，增施微肥和叶面肥，防后期早衰。结荚初期开始追肥，以后采收一次追肥一次。注意开花期不浇水，否则易引起落花。

4. 及时防治病虫害

早春大棚豇豆病害主要有根腐病、叶霉病、炭疽病，虫害主要有美洲斑潜蝇、蚜虫、豇豆荚螟。根腐病可用50%根腐灵1000倍液浇根2~3次；叶霉病可用10%多抗霉素B可湿性粉剂600倍液加50%扑海因可湿性粉剂1000倍液喷雾防治；炭疽病可用70%甲基托布津500倍液或炭疽福美800倍液喷雾防治；美洲斑潜蝇可用20%灭蝇胺2000倍液或1.8%虫螨克（集奇）3000~4000倍喷雾防治；蚜虫可用10%蚜虱净2000倍液或10%吡虫啉1000倍液喷雾防治。豇豆荚螟宜在豇豆盛花期用5%锐劲特或20%绿得福2000倍或0.5%苦参碱1000倍加20%杀灭菊酯15ml，敌杀死3000~5000倍液进行均匀喷雾。

（六）及时采摘

一般开花后10~12天，籽粒未显现时即可采收。采摘时，注意不要损伤其他花序，采收以早晨和上午为好，结荚初期每4~5天采收一次，盛荚期每2~3天采收一次。

二、秋延后栽培

（一）品种选择

大棚秋延后栽培豇豆前期高温、强光，后期低温、寡照，对品种有比较严格的要求。应选择抗病、抗逆性强，耐高温和低温、耐弱光，耐老化，后期翻花能力强、采收期长的品种，适合湖南秋延后栽培的豇豆品种主要有长豇101、全能王、高产4号、秋豇512等。

（二）整地施肥

参照春提早栽培执行，注意菜饼要先发酵后施用，畦面改用银黑双色地膜覆盖。

（三）适时播种

豇豆大棚秋延后栽培一般采用直播，播种期比露地秋豇豆推迟20天左右，湖南地区一般在8月上中旬播种，播种过早，产量高峰期与露地秋季栽培的收获期相遇，不仅达不到秋延后栽培的目的，而且开花期温度高或遇雨季湿度大，易导致落花落荚或使植株早衰，播种过迟，生长后期温度低，也容易导致落花落荚或遇冷害，产量下降。秋季干旱大棚土壤底墒不足可先沿播种行开沟灌水，待水渗下后播种，每畦播2行，行距60cm，穴距40cm，每穴3粒种子，播后覆土2～3cm厚，然后整平畦面覆盖银黑双色地膜，3天左右即可出土，出土时及时破膜引苗出膜，防止烧苗。

（四）田间管理

1. 植株管理

大棚秋延后豇豆要早间苗，及时拔除病劣苗，发现缺苗及时补苗，每穴定苗2株，每亩留苗5 000～5 500株。定苗后及时用土封闭膜口，促进根系发育。植株甩蔓后，用竹竿搭"人"字架并于下午引蔓上架。也可用尼龙绳吊蔓代替竹竿搭架。引蔓上架后，及时抹去第一花序以下的侧芽，第一花序以上的侧蔓摘心（下部侧蔓留10节摘心，中部侧蔓留5～7节摘心，上部侧蔓留2～4节摘心），以促进主蔓生长，主蔓长至2m左右时打顶，以促进翻花结荚。在引蔓上架后，可喷施多效唑，缩短节间，防止徒长，促进结荚。

2. 及时揭盖棚膜

一般在播种前棚膜已经扣上，但10月上旬以前，棚温较高，裙膜基本上是卷起的，只在风雨较大的情况下，才将棚膜放下，以防雨水冲刷豇豆引起病害，雨停后要及时将裙膜卷起。当外界夜间温度降到15℃以下时，要及时放下棚四周的裙膜，但要注意温度变化，白天加强通风管理，使棚内最高温度不能超过32℃，夜间不低于15℃；当外界温度降到10℃左右时，密闭保温，昼夜不通风，夜晚在大棚四围上草帘保温或用其他临时措施保温，使棚内温度白天保持在25～28℃，夜间温度保持在15～20℃，以促进荚条生长。同时注意清洁棚膜以增加光照和升温。

其他肥水管理与病虫害防治参照春提早执行。

（五）适时采摘

一般在花后 10～15 天豆粒略显时采收，采收时注意不要碰伤花穗。始收期 4～5 天采收一次，盛荚期 2～3 天采收一次。

第十四节　设施苋菜栽培

一、品种选择

苋菜品种分为圆叶种和尖叶种。圆叶种，如上海白米苋、青米苋、花叶苋、蝴蝶苋、花叶苋菜等，叶圆形，叶面皱缩，生长较慢，迟熟，产量较高。尖叶种，如广州柳叶苋、尖叶红米苋、尖叶花红苋等，叶披针形或长卵形，先端尖，生长较快，较早熟，但产量低，品质差，易抽薹。而大棚春提早栽培的苋菜品种要求具有产量高、抗逆性强、耐寒等特点，目前湖南地区大棚春提早栽培多采用红圆叶苋菜。

二、土壤消毒

及时清除前茬作物的残株烂叶、病虫残体，亩施石灰 100～150kg。

三、整地施基肥

在播种前 10～15 天翻耕土壤，翻耕深度25cm，亩施腐熟猪粪 4 000～4 500kg 或商品有机肥800kg 或菜籽饼肥200～300kg、三元复合肥25kg 左右作为基肥，其中有机肥于播种前 10 天施于土壤中，三元复合肥于播种前 2～3 天施于土壤中。将土块整细耙匀，使床土耕作层深厚、肥沃、松软。将土肥充分混匀后作畦，最好做成深沟高畦，畦宽 1.6m，8m 宽的大棚作畦 4 块。

四、播种

（一）播种期

湖南极早熟苋菜栽培播期以 1 月中下旬为宜。

（二）播种量

早春气温低、出苗率差，为了达到一次播种，多次采收的目的，应适当多播一些，每亩播种量2～2.5kg。

（三）播种方法

1. 一次性播种法

每亩播量为2～2.5kg，拌适量的细土一次性撒入田块中。播种前一天浇足底水，播后立即覆盖地膜，加盖小拱棚。一般每隔15～20天采收1次。

2. 梯度播种法

第一批种子提前12天浸种催芽，第二批提前5～6天浸种，第三批为干种子，三批种子充分混合同时播种，总播量每亩为1.5～2kg，每一批的播量为总播量的1/3。

3. 间播间收播种法

第一次的播量每亩为1.5kg，每采收一次后立即进行补种，补种量每亩为1.5kg，每采收一次后立即进行补种，补种量每亩为0.5kg，补种次数根据市场的行情和苗情而定，如果行情好可多次补种，如果老苗过多可一次性采收，然后重新播种，亩播量为1kg。

五、大棚管理

（一）温光管理

苋菜喜温暖气候，耐热性强，不耐寒冷，20℃以下即生长缓慢，因此早春栽培保温措施至关重要。从播种到采收棚内温度一般要保持在20～25℃，播种后覆盖地膜，闭棚增温，促进出苗，一般播种后15天左右即可出苗，此时可揭去地膜，使幼苗充分见光，如天气特别寒冷时还需在小拱棚上再加盖1层薄膜或草帘等覆盖物。苋菜生长前期以保温增温为主，后期则应避免温度过高，棚内温度高于30℃时应适当通风降温。在晴天的中午，先将大棚两头打开，小拱棚关闭，后揭开小拱棚膜，关闭大棚，两种方法交替使用，每次通风2h左右。同时，在保证苋菜不受冻的情况下多见光，促使其色泽鲜艳，品质好。当大棚内温度稳定在20～25℃时，可撤去小拱棚，并同时打开大棚的两头通风降温。

（二）肥水管理

播种时浇足底水，出苗前一般不再浇水。出苗后如遇低温切忌浇水，以免引起死苗；如遇天气晴好，结合追肥进行浇水，具体方法：将三元复合肥或尿素均匀撒入畦面，用瓢将水泼浇在肥料上。幼苗3片真叶时追第1次肥，以后则在采收后的1～2天进行追肥，结合浇水每次每亩追施三元复合肥10～15kg、尿素15kg。同时，要注意施用叶面肥，在苋菜2片叶时喷施植保素8 000倍液或滴滴神500倍液，促进苋菜生长，提高产量和质量。

（三）中耕除草

生长出苗后大棚内易滋生杂草，至少人工拔草3次，以免出现草荒影响苋菜。

（四）病虫害防治

苋菜主要病害是苗期猝倒病和白锈病。苗期猝倒病的防治方法：一是做好床土消毒，每平方米苗床撒施50%多菌灵可湿性粉剂8g，或用绿亨3号（54.5%恶霉·福锌）可湿性粉剂1 500倍液或绿亨1号（95%恶菌灵）可湿性粉剂3 000倍液喷洒床土；二是药剂防治，可用72.2%普力克水剂800～1 000倍液或53%金雷多米尔·锰锌水分散粒剂500倍液或绿亨3号1 500倍液喷雾。白锈病发病初期可用50%甲霜铜可湿性粉剂600～700倍液或50%多菌灵可湿性粉剂600～800倍液喷雾防治，效果较好。苋菜主要害虫是小地老虎、蚯蚓和蚜虫。小地老虎和蚯蚓可用90%敌百虫晶体1 000倍液或50%辛硫磷乳油1 000倍液喷雾防治。发现蚜虫后可用吡虫啉喷雾防治。

六、采收

当播种后45～50天，待植株有7～8片真叶，株高10～15cm

时，可根据市场行情及时采收，每次采收宜间拔上层植株，每隔 2
天左右挑选大株间拔 1 次，并注意均匀留苗，及时采收有利于后
批苋菜的生长，从而提高总产量。一般可连续采收 7～8 次。

采收后，在室内进行整理，去掉杂草、泥土，摘除黄叶、残
叶以及病虫危害的叶片，然后扎成 0.5kg 的齐头小把，随即用清
水冲洗一下，放入塑料箱内。

第十五节　设施蕹菜栽培

一、栽培品种

蕹菜俗称空心菜，主要有泰国蕹菜、江西蕹菜、白蕹菜等。

二、整地施肥

空心菜生长速度快，分枝能力强，需肥水较多，宜施足基肥，
一般每亩施入腐熟有机肥 1 500～2 000kg、草木灰 100kg、三元复
合肥 30kg，充分与土壤混匀，起成高 20cm、宽 150～160cm 的畦，
8m 宽的大棚作畦 4 块，要求土面平整细碎。

三、浸种催芽

空心菜种子的种皮厚而硬，若直接播种会因温度低而发芽慢，
如遇长时间的低温阴雨天气，则会引起种子腐烂，因此宜进行催
芽，可用 30℃ 左右的温水浸种 18～20h，然后用沙布包好置于
30℃ 的恒温箱内催芽，当种子有 50%～60% 露白时即可进行播种。

四、播种

（一）播种时期
提早在 2 月中下旬播种，每亩用种量约为 20kg。

（二）播种方法
空心菜可撒播或条播，撒播后用细土覆盖 1cm 厚左右，条播

可在畦面上横划一条 2～3cm 深的浅沟，沟距 15cm，然后将种子均匀地撒施在沟内，再用细土覆盖。播种前一天浇足底水，播后立即覆盖地膜，加盖小拱棚。

五、大棚管理

1. 温、湿度管理

早春蕹菜播种后注意保温，大棚内加盖小拱棚，出苗后注意在保温的同时通风降湿，昼揭夜盖。

2. 肥水管理

早蕹菜底肥以有机肥为主，每亩施 2 000kg，在出苗后，一般应控制水肥，缺水肥时选晴天追施 10%～20% 浓度的粪肥，并立即通风降湿，满足幼苗期的水肥需要，以免叶片发黄脱落或发病死苗。生长盛期视土壤干湿情况，用 10%～20% 浓度的粪水或 0.5% 尿素浇泼，促进茎叶肥嫩。每次采收后追施一遍 20%～30% 浓度的粪肥。早蕹菜中后期肥水管理总的原则是"勤、淡、匀、轻、透、凉"。经常保持土壤湿润。

3. 病虫防治

蕹菜的主要虫害为薯卷叶蛾、斜纹夜蛾等。宜用 2.5% 敌杀死乳油 5 000～8 000 倍液或 20% 速灭杀丁 2 000 倍液喷雾。个别地区有白锈病为害，防治方法是重病田不连作，采用健康无病的种苗，初发病时摘除病叶及疙瘩，用 70% 的代森锰锌 500 倍液防治。每 10 天喷 1 次，共喷 2～3 次。

六、采收

早蕹菜，约播种后 40 天，苗高 10～20cm 时，进行第一次删拔上市，10 天后进行第二次删拔上市，第三次删拔净园。与此同时一部分移栽，分次刈割上市，即称"割蕹菜"。

采收后，在室内进行整理，去掉杂草、泥土，摘除黄叶、残叶以及病虫为害的叶片，然后扎成 0.5kg 的齐头小把，随即用清水冲洗一下，放入塑料箱内。

第十六节　设施春大白菜栽培

一、品种选择

宜选择冬性强、生育期短、耐热性强的品种，如春夏王、阳春、春大将、早春娃 2 号、世农春王、春强等。

二、适时育苗

南方地区一般于 2 月中下旬至 3 月上旬在大棚中播种育苗为宜，过早容易发生先期抽薹，过迟因为生长后期的温度高，雨水多，叶簇开散，结球不紧实，而且病虫滋生，降低品质和产量。采用穴盘基质育苗，苗龄不超过 20 天，4～5 片真叶时移栽。

三、整地施肥

于前作收获后土壤翻耕前，每亩撒施生石灰 100kg，进行土壤消毒。土壤翻耕后，每亩撒施饼肥 100kg 或商品有机肥 300kg、硫酸钾型复合肥 40kg、钙镁磷肥 50kg。将肥料与土壤混匀，然后进行整地作畦，8m 宽大棚作畦 4 块，畦面宽 140cm，略呈龟背形，沟宽 50cm，沟深 30cm，整地后每畦铺设滴灌 1 条，随即覆盖无色透明地膜。整地施肥工作应于移栽前 1 周完成。

四、适时定植

在 3 月上中旬定植，每畦栽 4 行，株行距 30cm×40cm，每亩栽植 4 000 株左右。定植后浇上压蔸水，并用土杂肥封严定植孔。

五、田间管理

(一) 温、湿度管理

大棚管理应注意昼揭夜盖。晚上寒冷时保温，阴雨天间隙卷膜通风降湿，晴天大通风降温。进入 4 月后夜晚不关棚。

（二）肥水管理

注意加强清沟排水，大棚围沟要深至 50cm 以保证排水畅通，降低棚内湿度。分别于幼苗期、莲座期、结球期通过滴灌追施 1～2 次速效肥，促进结球，延缓抽薹。

（三）病虫害防治

春大白菜的病害主要有霜霉病和软腐病，霜霉病用瑞毒霉或百菌清防治；软腐病用氯霉素或新植霉素或代森铵防治。春大白菜的虫害主要有小菜蛾和蚜虫。小菜蛾用阿维菌素乳油 1 000～3 000 倍液；氯氰菊酯 1 000～3 000 倍液；2.5% 功夫 1 000～3 000 倍液；3% 万福星 1 000～3 000 倍液；5% 抑太保 1 000～2 000 倍液；5% 卡死克 1 000～2 000 倍液等喷雾；蚜虫用吡虫啉或大功臣喷雾防治。

六、采收

大棚春大白菜生长快，一般于 4 月底 5 月初叶球紧实时采收，单球重 1kg 左右，亩产 3 000～4 000kg。

第十七节　设施早秋芹菜栽培

一、品种选择

宜选用耐热、生长快的早熟或早中熟品种，如绿梗芹菜、正大黄心芹、津南实芹、玻璃脆芹菜、意大利西芹等。

二、提早育苗

（一）苗床准备

宜选凉爽、避西晒和前作为春黄瓜或速生叶类菜的"熟土"。每亩栽培田需准备 0.1 亩苗床地。于播前 15 天深耕 33cm，烤晒过白，然后平整细碎。每分苗床地施入优质土杂肥或腐熟人畜粪

500kg，在翻地平整时施入。整地时每亩床上撒施石灰 200 ~ 250kg。整地后将备好的药土（每平方米 10g 70% 五氯硝基苯与 20kg 细干土混合）的 1/3 均匀撒于苗床表面作垫土，剩余的 2/3 播种后盖没种子。

（二）播种

播种时间为 6 月上旬；每亩栽培田用种 100g（纯净度、发芽率均在 90% 以上）。播种时如天气凉爽可直播，如气温较高则须低温浸种催芽。即用凉水（井水最好）浸泡种子 6h，去掉"浮籽"，用纱布袋装好，吊入井中或在防空洞里催芽或放入冰箱（5℃左右）24h，然后催芽，3 ~ 5 天，当 80% 的种子发芽后，即可播种。播种方法：播种前，将床上浇水湿透，缩水后，浅锄表土，于傍晚播种。或先播种，后用洒水壶小心浇透。播种时应将发芽种子掺入等体积的细沙或细煤灰或细园土，均匀撒施在畦面上，然后上盖一层薄薄的拌有五氯硝基苯的药土。

（三）苗期管理

1. 遮阳降温

播种后即在小拱棚或平棚上覆盖遮阳网。做到白天盖，晚上掀。播发芽籽者先盖黑色遮阳网至出苗破心，破心后改盖银灰色遮阳网至移栽；播湿籽者首先盖双层黑色遮阳网至出苗，然后改盖单层黑色网至破心，破心后也改盖银灰色遮阳网。这样既有利于遮阳降温，促进早出苗，提高出苗率，并能保温，减轻劳动强度，还能炼苗，培养出根系发达、叶片厚实、茎秆粗壮的健壮芹菜苗。

2. 肥水管理

播种后，应经常保持土壤湿润。由于床上盖有遮阳网，每天应用喷壶浇透水一次。秧苗"破心"时，浇施 10% 淡粪水提苗。以后视土面湿润情况每 2 天喷水一次。秧苗缺肥瘦弱时，可追施 10% ~ 20% 浓度淡粪水。若苗床湿度过大，容易发生猝倒病。应撒上一层细干泥土并及时敞棚。苗期病害防治：如发现死苗烂蔸，用 75% 的百菌清 600 倍液喷雾防治。如遇暴雨天气，最好采用网膜结合覆盖，防止土壤湿度大引起死苗。壮苗标准：株高 10 ~ 15cm，真叶 4 ~ 5 片，叶片肥厚，叶色深绿，根系发达。

三、整地施肥

大棚早秋芹菜前茬多为春番茄、春黄瓜、早茄子等。前茬收获后，应及时深耕，挖大垡，晒烤过白后结合施肥和施石灰整细整平。每亩施腐熟人畜粪 3 000kg、饼肥 75kg、复合肥 50kg，施石灰 250kg。以 1.1m 宽作畦。

四、适时定植，合理密植

定植苗龄以 40 ~ 50 天为宜，即 7 月中下旬开始定植。定植前先用浓粪渣"盖脚"，晒干后，在阴天及晴天傍晚选壮苗定植。宜浅栽，定植深度为 1 ~ 1.5cm，以不埋去新叶为宜。按行距 16cm 开沟，丛距 10cm，梅花式定植，每丛 2 ~ 4 株。每亩栽 25 000 ~ 30 000 兜。

五、定植后的管理

（一）覆盖遮阳

定植前在大棚上覆盖黑色或银灰色遮阳网，并且在大棚的西晒面全覆盖，而东晒面只盖顶部，一直盖至上市。

（二）肥水管理

定植后要及时浇透压兜水，次日"复水"。由于盖有遮阳网降温保湿，缓苗快，第三天"歇水"。至苗高 10 ~ 13cm 前，每隔 2 ~ 3 天追施一次轻粪水。为防止土壤板结，应浅中耕 2 次。苗高 15 ~ 18cm 时，每隔 3 ~ 5 天追施 1 次轻淡粪水和 0.5% 的尿素液，并浅中耕 2 次，经常保持土壤湿润，并要掌握土干淡浇，土湿浓浇。结合施肥，及时中耕除草。

六、病虫害防治

(一) 苗期病虫害

苗期病虫害主要有猝倒病和蚜虫，猝倒病用75%百菌清可湿性粉剂800倍液喷雾，或撒1:1000的百菌清药土。发现病株，及时清除，并在病株周围洒石灰；蚜虫用40%乐果乳油800倍液或20%速灭杀丁2000~3000倍液喷雾防治。

(二) 成株病虫害

成株病害主要有叶枯病和早疫病。可用75%百菌清可湿性粉剂800倍液或70%代森锌可湿性粉剂500倍液、40%甲基托布津600~800倍液、75%甲基托布津1000倍喷雾。隔5~7天喷一次，连喷2~3次。成株虫害主要有斜纹夜蛾和蚜虫，前者用功夫或灭杀毙喷雾防治，后者用吡虫啉喷雾防治。

七、采收

早秋芹菜于9月中下旬即可采收上市，最早的定植后40天即可上市。一般株高45cm，蔸重150g左右。每亩产量可达3000~4000kg。

第十八节 设施冬寒菜栽培

一、选用良种

冬寒菜依梗的颜色分为紫梗冬寒菜和白梗冬寒菜。紫梗冬寒菜主要有湖南的糯米冬寒菜、重庆的大棋盘、福州的紫梗冬寒菜等。白梗冬寒菜主要有浙江丽水冬寒菜、重庆的小棋盘、福州的紫梗冬寒菜等。根据湖南地区的消费习惯，设施冬寒菜栽培宜选用带紫梗、紫斑叶的糯米冬寒菜品种。

二、整地施肥

基肥用人畜粪、饼肥和适量的复合肥沤制而成。一般每亩用猪粪1 500kg或饼肥200kg或商品有机肥300kg、硫酸钾型复合肥50kg。将肥料与土杂肥混合经堆制发酵后，撒施于土中，然后精细整地作畦。8m宽大棚做畦4块，畦面宽1.5m，沟宽50cm，深25cm，冬寒菜耐肥力强，需肥量也较大，播种后还可淋浇人畜粪作为盖籽肥。

三、播种

大棚冬寒菜冬播可在10月下旬下种，春节前后采收上市，填补绿叶类蔬菜供应的空挡，提高种植效益。冬寒菜一般直播、亩用种量1~1.5kg，播种方法可撒播或穴播，撒播需种量大，穴播需种量小。穴播株行距25cm左右。播前浇足底水，待水渗下后，将种子均匀撒播于畦面，随后覆盖约0.8cm厚的细土并覆盖遮阳网保湿。

四、大棚管理

（一）温度管理

冬寒菜喜冷凉湿润的气候条件，不耐高温，抗寒能力较强，低湿可增强其品质。生长适温为15~20℃。温度过高，生长太快，品质较差，温度过低则生长缓慢。播种后5~7天内以覆盖保湿为主。种子发芽出土后，迅速揭去地面覆盖的遮阳网。当棚内温度高于20℃时需打开四周棚膜通风，气温较低时夜间关棚。如果最低气温降至0℃以下时，可在大棚内设置小拱棚保温防冻，促进冬寒菜生长。为改善光照，小拱棚及覆盖物一般每天都要早揭晚盖。

（二）中耕除草间苗

冬寒菜播后5~7天即可出苗。生长期间要及时中耕、除草，防止杂草同冬寒菜竞争空间、养分及水分，撒播的在真叶4~5片时间苗2次，苗距16cm左右，穴播的间苗以2~3棵苗为1丛。

（三）肥水管理

冬寒菜喜湿耐肥，为保证嫩梢的肥嫩需要湿润而肥沃的土壤环境。对于多次采收嫩梢的，要随着不断地采收，进行追肥，以补充因采收而带走的大量养分。一般以人畜粪水和尿素为主，每采收 1 次，即追肥浇水 1 次。

（四）病虫害防治

冬寒菜虫害有地老虎、斜纹夜蛾、菜青虫和蚜虫等，地老虎可采用毒饵诱杀，斜纹夜蛾、菜青虫、蚜虫可分别用敌杀死、阿维虫青、吡虫啉喷雾防治。病害主要有炭疽病、根腐病等，炭疽病可用 50% 复方甲基硫菌灵可湿性粉剂 1 000 倍液或 75% 百菌清可湿性粉剂 1 000 倍液加 70% 甲基硫菌灵可湿性粉剂 1 000 倍液或 2% 农抗 120 水剂 200 倍液喷雾防治，根腐病可用 50% 多菌灵可湿性粉剂 500 倍液或 40% 多硫悬浮剂 400 倍液喷雾防治。

五、采收

对于采收幼苗的，当播种后 50 天左右，可结合间苗，间拔采收；对食用嫩梢的，当株高 18cm 时，即可割收上段叶梢。春季留近地面的 1~2 节收割，若留的节数过多，侧枝发生过多，养分分散，嫩叶梢不肥厚，品质较差。其他季节留 4~5 节收割。冬寒菜生长速度非常快，在其生长旺季，每 5~7 天就可采收 1 次。亩产可达 2 000kg 左右。

第十九节　设施早秋莴笋栽培

一、品种选择

宜选用耐热、生长快的早熟品种，如耐热二白皮、双尖、耐热白尖叶等品种。

二、播种育苗

（一）播种时间

8月上旬播种为宜，亩用量20g左右。

（二）选苗床地

苗床地要选用避西晒、土质肥沃、排水良好的疏松菜土，并深耕烤晒过白，施足基肥，精细整地。一亩大田约需15m² 苗床。

（三）催芽

莴笋种子的发芽适温为15～18℃，超过30℃，发芽困难。在夏秋播种宜采用低温催芽。方法如下。

1. 吊井法

用凉水将种子浸泡1～2h，去其"浮籽"，用纱布包好，置于井内离水面30cm处，每天取出种子淋水1～2次，连续3～4天即可发芽。

2. 冷冻法

将种子浸泡6h后，用纱布包好，放在冰箱或冷藏柜内，在3～5℃温度下冷冻一昼夜，然后将冷冻的种子放在凉爽处，经2～3天种子即可发芽。

3. 拌沙法

将种子浸泡1～2h后与湿润细沙混合，放在防空洞或水缸边，保持冷凉湿润的条件，3～4天即可发芽。

4. 灌水覆盖法

苗床经烤晒过白后，整平整细，撒播干籽，其上覆盖一层较厚的稻草，然后，用竹竿或砖块压住稻草。每天傍晚把苗床灌水湿透，2～3天种子逐渐发芽。

（四）播种

先要将床土浇湿浇透，待缩水后锄松表土，方能播种。播种量一般为1.3g/m²，宜稀不宜密，播后浇盖一层30%～40%浓度的腐熟猪粪渣及覆盖一层薄稻草，或覆盖黑色遮阳网。出苗前双层浮面覆盖在苗床土上。

（五）幼苗培育

出苗前双层浮面覆盖在苗床土上，每天喷水 1 ~ 2 次、保持床土湿润以利出苗；出苗后用小拱棚或平棚盖银灰色遮阳网。早晚浇水、保持床土湿润。当苗长至 4 ~ 5 片真叶时注意揭去遮阳网，进行炼苗。

三、整地施肥

要求选择肥沃疏松，保水保肥的棚土栽培莴笋，以利嫩茎的肥大。

深耕烤土，结合整地每亩施腐熟堆肥和人畜粪 2 000kg、饼肥 200kg、复合肥 50kg，将肥料与土壤混匀，然后进行整地作畦，8m 宽大棚作畦 4 块，畦面宽 120cm，略呈龟背形，沟宽 40cm，沟深 30cm，整地后每畦铺设滴灌 2 条，随即覆盖银黑双色地膜。

四、合理密植

早秋莴笋定植要严格掌握苗龄和定植密度，以苗龄 25 天定植为宜，行距 30 ~ 35cm，株距 25cm，每亩栽植 6 000 ~ 7 000 株。选阴天或下午定植，并及时浇压蔸水、次日浇复水以保成活。

五、田间管理

（一）遮阳管理

在大棚上加盖遮阳网形成网膜覆盖，如盖黑色遮阳网应在缓苗后开始生长时拆去，而盖银灰色网者一般盖 10 ~ 20 天拆去。

（二）肥水管理

莴笋根系浅，应加强肥水管理，保持土壤湿润，促进茎叶生长，防止因缺水、缺肥引起的先期抽薹。为了提高产量还可喷施植宝素、植物动力 2003 等，追施氮钾肥促进茎叶生长。

（三）病虫害防治

莴笋一般只发生霜霉病危害。在发病后应及时喷 1 ~ 2 次 40%

乙膦铝可湿性粉剂 200 倍液或 25% 瑞毒霉可湿性粉剂 500 倍液、25% 甲霜锰锌可湿性粉剂 500 倍液。可与叶面追肥结合进行。

六、采收

最早可在定植后 45 天上市，比露地同期栽培提早上市 10 天以上。一般当心叶与外叶齐平时采收产量与品质最佳，也可根据市场行情提早分期分批采收。

第二十节 设施生菜栽培

一、品种选择

生菜深绿色品种较浅绿色品种抗病性强，湖南地区生菜主栽品种多选用丰产、抗病，且品质优、商品性好、耐寒、耐抽薹的品种，如意大利全年耐抽薹生菜、香港玻璃脆生菜、美国大速生、荷兰结球生菜、花叶生菜和凯撒等品种。

二、培育壮苗

生菜种子小，顶土能力弱，一般采用育苗移栽。苗床要施足腐熟的有机肥，整平耙细，覆盖土要过筛。如有条件，可采用珍珠岩、细炉碴等轻基质进行穴盘育苗则更利于出苗。

10 月初至 11 月可在大棚内播种育苗，亩用种量 20g 左右，需苗床约 15m²。播种前种子应在 15 ~ 20℃ 的条件下浸种催芽。苗床播前灌水，撒播后覆细土 0.5cm 厚。保持苗床土壤湿润，3 ~ 4 天齐苗。当幼苗长至 2 ~ 3 片真叶时进行间苗、定苗，并拔除杂草。当苗龄 20 ~ 25 天具 5 ~ 6 片真叶时就可移栽。

三、整地施肥

结合耕地每亩施用腐熟农家肥 2 000 ~ 3 000kg 或商品生物菌肥 200 ~ 300kg、过磷酸钙 25 ~ 30kg、复合肥 30kg，肥与土混匀后整地作畦，方法参照早秋莴笋栽培。

四、合理密植

栽培行距 25～30cm，株距为 20～25cm。秧苗尽量带土移栽，定植深度以根土表面与地平面相齐为宜，不可埋住心叶，亩定植 7 000～8 000 株。栽后及时浇水，促使迅速缓苗。

五、大棚管理

（一）温光调节

1. 温度

生菜是半耐寒的蔬菜出苗前温度控制在 18～20℃，幼苗生长的适宜温度为 16～20℃，结球生菜外叶生长的适宜温度为 18～23℃，产品形成期的适宜温度 15～20℃，低温有利于同化产物的形成，不利于生菜的正常生长。在大棚栽培中，应注意保温防寒通风，温（棚）室内温度控制在 15～20℃，晴天中午温度高时要及时放风，晚间覆盖保温，使棚内温度不低于 5℃。

2. 光照

生菜属喜光作物，正常生长需要充足的阳光。阴雨雾天也要卷开棚膜，让植株接受散射光，进行光和作用，并进行短期通风，防止湿度过高引起病害发生，同时也可防止温（棚）室内有害气体的产生。

（二）肥水管理

浇水是生菜栽培中的关键环节，浇水时间和浇水量应根据不同生长时期的气温和地温灵活掌握。大棚栽培中，一般在整个生育期内浇水 5～6 次即可。定植 3～5 天浇 1 次缓苗水，促其缓慢生长，扎新根；在第 1 次追肥后要浇 1 次透水，出苗期适当浇 1 次水，第 4 次浇水结合第 3 次追肥进行，在结球中期，结合第 3 次追肥再浇 1 次水，后期一般不要追肥浇水，以免引起腐烂和裂球。

由于生菜多为生食蔬菜，所以追肥不建议施用人畜粪，一般以尿素为主。适时追施 3～4 次，可在定植缓苗后浇 0.3% 尿素液，每亩用尿素 5kg 左右。以后每隔 10 天施 1 次，遇干旱要多浇水。封行后，一般不再施肥浇水，保持吐面稍干，采收前数天禁浇水，以利采后贮运。

（三）病虫害防治

参照早秋莴笋栽培。

六、采收

生菜的采收宜早不宜迟，以保证其鲜嫩的品质。当植株具有 15 ~ 25 片叶、株重 200 ~ 300g 时采收。亩产 2 000 ~ 3 000kg。

第四章 露地蔬菜栽培

第一节 辣椒栽培

一、品种选择

宜选择生长势旺盛、综合抗病能力强、连续坐果性好、采收期长并且适合本地鲜食或加工需求的品种。目前适于湖南省露地栽培的主要辣椒品种有兴蔬皱皮辣、兴蔬绿燕、兴蔬16号、博辣15号、博辣红帅、湘辣四号、兴蔬215、湘研15号、湘辣16号、湘辣18号、辛香8号等品种。

二、培育壮苗

（一）种子处理

温汤浸种：用55℃温水浸种20min，不断搅动。干热消毒：70℃干燥处理48h。还可有助于提高种子的发芽率和发芽势。药剂浸种：30℃清水浸泡4h，之后用10%的磷酸三钠溶液浸种30min，再用水冲洗干净（45min），可防病毒病；用1 000mg/L链霉素浸种30min可防疮痂病和青枯病；用1%的硫酸铜溶液浸种5min可防炭疽病和疮痂病。还可用5%的盐酸溶液浸4h或1.25%次氯酸钠浸5min，再用水冲1h。种子处理后25~30℃恒温催芽。

（二）播种

湖南辣椒露地栽培宜在一般在11月上旬至翌年2月于大棚冷床播种，每亩大田用种40g，需苗床面积15m²。采用基质穴盘育苗，先将基质拌湿、拌匀后装入72孔穴盘中，将基质稍压实后每穴播入1~2粒种子，覆基质1cm厚后覆盖地膜和小拱棚保温保湿促进出苗。

（三）苗期管理

维持床温25℃左右。80%幼苗出土及时揭开地膜，随后降温降湿，加强光照。保持床温15~20℃，气温20~25℃，做到尽量降低基质湿度，基质不现白不打水，促使幼苗根系下扎，同时以防猝倒病发生。待幼苗子叶充分展开破心时，加强肥水管理，以干湿交替为原则，促进地上部真叶生长。白天床温15℃以上时揭开小拱棚，夜晚盖上保温。注意病虫害防治，定植前5~7天，将温度逐渐降低至13~15℃并控水进行炼苗。

（四）壮苗标准

根色白色，须根多，茎短粗，7~8片真叶的幼苗，株高15~20cm，叶色浓绿，茎秆粗壮，节间短，根系发达。

三、整地施肥

在定植前7~10天翻地，施足基肥，基肥种类主要为腐熟的人畜粪、饼肥、土杂肥等，每亩大田施钙镁磷肥50kg、腐熟人畜粪2 000kg、硫酸钾复合肥50kg、土杂肥1 500~2 000kg。

在大面积种植农家肥不足的情况下，可采用1亩地用复合肥50~75kg，钾肥25~50kg，磷肥30~50kg，菜枯75~100kg。肥料可沟施，也可撒施，撒施肥效释放快。撒施先撒匀再起垄，沟施在畦中间开沟施肥后再作畦。畦宽80cm，畦高30cm、沟宽50cm。整地施肥后立即覆盖银黑双色地膜。

四、合理密植

宜选择清明后的晴好天气定植。选择无病虫害的壮苗，每畦栽2行，行株距为50cm×40cm，每亩栽植2 500株左右。定植深度以子叶露出畦面1~2cm为宜。定植后立即浇压蔸水，随即用泥土封闭定植孔。

五、田间管理

(一) 植株调控

辣椒进入初果期后，茎部侧芽萌发多，既消耗养分，又影响通风透光，应及时抹除，一般连续抹二次即可。辣椒结果后会使植株因负荷过重而出现倒伏，应及时在畦两边各立一排竹棍并拉绳将植株固定在畦内不倒伏即可。

(二) 肥水管理

定植后及时浇足定根水。从缓苗后到门椒长大前，要进行蹲苗，以防徒长，影响坐果。第一批果实坐稳后，可重施一次追肥，亩施三元复合肥15kg。以后每采摘一批果追一次肥，并结合喷洒微量元素肥料。

(三) 降温防日灼

在高温及植株未封行的情况下，不应打侧枝，而且可以在植株间覆盖茅草防日灼。畦间距离30cm左右。有条件的地方可以灌水降温保湿。

六、病虫害防治

(一) 农业防治

选用抗病品种，及时清理田园，将病枝、残叶、杂草和收获后的废弃植株及时清理出田间销毁或深埋，减少病虫传播和蔓延；实行轮作倒茬，以阻断病害流行，切断害虫生活史。避免与和辣椒病虫寄主相同的作物邻作，减少病虫传播机会。合理进行间作套种，减少病虫为害。

(二) 物理机械防治

常用方法有温汤浸种、高温闷土和利用白粉虱、蚜虫的趋黄性采用黄板诱杀。

(三) 生物与化学防治

辣椒的病害主要有细菌性病害、真菌性病害、病毒性病害

3 类。

1. 细菌性病害

主要有疮痂病、细菌性叶斑病，可用农用链霉素 100~200μl/L、新植霉素 4 000 倍液、14% 络氨铜水剂 350 倍液或 77% 可杀得（氧化亚铜）可湿性粉剂 800 倍液喷雾防治。

2. 真菌性病害

疫病用 77% 可杀得 800 倍液、64% 杀毒矾 500 倍液、40% 乙膦铝 200 倍液或 58% 瑞毒·锰锌 500 倍液喷雾防治；炭疽病用 50% 甲基托布津 800 倍液 + 75% 百菌清 800 倍液或 80% 代森锌 500 倍液喷雾；灰霉病用 50% 速克宁 1 500~2 000 倍液、50% 腐霉利 1 500 倍液或 2% 武夷菌素 100 倍液喷雾防治。

3. 病毒性病害

用 20% 病毒 A 500~700 倍液、抗毒 1 号 300~500 倍液、50% 植病灵 500 倍液、菌毒清 400~500 倍液或 83 增抗剂 100 倍液喷雾。

辣椒的虫害主要有蚜虫、烟青虫、烟粉虱等。蚜虫用 50% 抗蚜威可湿性粉剂 2 000~3 000 倍液或吡虫啉喷雾防治；烟青虫用 2.5% 功夫（高效氯氟氰菊酯）2 000~4 000 倍液、2.5% 天王星（联苯菊酯）1 500 倍液防治烟青虫；烟粉虱用 20% 扑虱灵 1 500 倍液或联苯菊酯喷雾防治。

七、采收

门椒和对椒应适当早采收，以免坠秧影响植株生长，以后应在果实充分长大，体积不再增长，果肉变硬后采收。辣椒枝条脆，采摘时不能猛揪，以免折断枝条。采收辣椒应在早晨或傍晚气温低时采收，采收后根据果形分级。为了降低辣椒果实的呼吸作用，减少水分蒸腾，可利用夜间温度低时，向市场运输销售。

第二节 茄子栽培

一、品种选择

茄子露地夏播秋收宜选择市场畅销、耐热性强、抗病能力强、商品性好的圆茄或长茄品种。长茄品种主要有长丰三号、天龙八号、农夫长茄、国茄长虹等；圆茄品种主要有早红茄2号。

二、播种育苗

(一) 种子处理

1. 温汤浸种

浸种前，先将种子在常温下清水预浸15min，然后将种子放入50～55℃的热水中浸烫15min，种子放入后要不断搅拌，使种子受热均匀，待水温降到常温后停止搅拌，再继续浸种4～5h，捞出后用清水搓洗干净。

2. 药剂浸种

药剂浸种前，先用清水浸种4h，然后用50%多菌灵或甲基托布津或甲基硫菌灵药液500～800倍液或甲醛（福尔马林）100～150倍药液，浸种杀菌15～20min，捞出后用清水冲洗干净。

(二) 播种

露地夏播秋茄栽培宜在4月中下旬至5月中下旬播种，不同品种的播种量不一，长茄品种，种子较细，植株长势强，每亩定植800～1 000株，用种量5～10g。圆茄品种，种子较大，生长势较强，每亩定植1 800株左右，用种量20～30g。

秋茄播种期间气温和地温较高，可露地播种育苗。播前2～3天整地施入苗床肥，每平方米苗床施腐熟鸡粪1～2kg。床土防病可用50%多菌灵可湿性粉剂按7～8g/m² 药剂拌细土撒于苗床上，2/3药土垫底，1/3药土盖籽。

每平方米苗床播种量4～5g。播种时，先将苗床浇透水，稍后撒种，再盖上细土，盖土层以 0.5~1cm 厚为宜，不可盖得太厚。最后架起小拱棚盖上遮阳网，以防太阳暴晒和暴雨冲刷。

（三）苗床管理

育苗期间温度高，幼苗生长快，要注意适当控水以防徒长。出苗后要及时间苗，二叶一心时分苗 1 次，苗距 10cm 左右。稀播的可以不分苗，苗龄 40 天左右即可定植。定植前 5~7 天，幼苗要喷施一次杀虫防病药剂，做到带土带药移栽。

（四）壮苗标准

茎高 10~15cm，茎秆直径 0.5cm，真叶 7~9 片，根系发达，特别是须根发达，无病虫害，苗龄 40 天左右。

三、整地施肥

选水源充足、地势平坦、排灌方便、富含有机质的砂质壤土且 3~5 年未种过茄果类蔬菜田土，于前茬作物收获后翻耕土壤，深耕翻地 25~30cm，结合翻耕亩施生石灰 200kg，腐熟人畜粪或厩肥 1 500~2 500kg 或施鸡粪 400kg 或枯饼 150kg 作基肥，同时配合施用优质复合肥 50~75kg，并适当增施微肥如硼肥、锌肥各 0.5~1kg 作基肥，将肥料与土壤混匀后整地作畦。畦宽 90~100cm，畦高 30cm，沟宽 50cm。畦面整成龟背形，并覆盖银黑双色地膜。

四、定植

（一）定植时间

长江中下游地区一般 6 月上旬至 7 月上旬定植。定植时间最迟不过立秋，否则影响产量。

（二）定植密度

长茄类中晚熟品种，由于生长势强，后期植株开展较大，应适当稀植，每亩定植 800~1 000 株。单行定植，株距 55cm。圆茄类耐热品种，每亩定植 1 800 株左右，每畦栽两行，行株距 50cm。

每亩定植1 800株左右，由于定植时间处在高温季节，宜选晴天下午或阴天定植。浇完压蔸水后，并用土杂肥或沟边土壤封严定植孔，有条件的随即盖上遮阳网。定植后由于气温高，土壤水分易蒸发，定植后3~4天需每天早、晚浇水一次，促进缓苗。

五、田间管理

（一）肥水管理

高温干旱时期要保持土壤水分供应，连续高温天气每隔3~4天要灌水一次，即灌即排，这个时期如果缺水，则果实短小无光泽，商品性差。秋茄生长前期，可用稀薄人粪尿或尿素浇施2~3次提苗肥。门茄开花期，尽量不施肥，以防植株徒长。进入采收期后，每采收2~3次追肥1次。追肥以尿素加复合肥为主，每次亩施复合肥10~15kg和尿素10kg，以延缓植株衰老，提高中后期产量。

（二）插杆防倒伏

由于秋茄长势旺盛，后期株型高大，坐果多时易倒伏。需插杆绑株防倒伏。

（三）整枝摘叶

秋茄生长旺盛，门茄以下侧芽需全部抹除。对茄坐果后，打掉门茄以下全部老叶，以利通风透光。以后每采收一批茄子，其下面叶片需尽早摘除。

（四）控苗保果

在异常年份，秋茄开花结果期遇连续高温干旱，会出现开花难坐果现象，引起植株徒长。出现徒长时，首先应控制肥水供应，打掉下部老叶，叶片可适当多打掉一些。其次，在开花期喷施保花保果素，促进植株坐果。

六、病虫害防治

(一) 农业防治

1. 选用抗病品种

针对当地主要病虫害控制对象及种植情况选择抗病品种。

2. 清洁田园

前茬作物收获后及时清理残枝落叶，带出田块进行无害化处理，降低病虫基数。

3. 轮作换茬

实行严格的轮作制度，与非茄科作物进行 3～5 年以上的轮作栽培，最好实行水旱轮作。

4. 嫁接栽培

利用茄子砧木的高抗病性，将商品茄子品种作接穗，嫁接到砧木上，是目前解决蔬菜基地茄子连作障碍的主要途径之一。

(二) 物理防治

1. 杀虫灯或糖醋液

(糖 6 份、醋 3 份、白酒 1 份、水 10 份及 90% 敌百虫 1 份) 诱杀斜纹夜蛾成虫。杀虫灯悬挂高度一般为灯的底端离地 1.2～1.5m，每盏灯控制面积一般在 20～30 亩。

2. 黄板诱杀

在田间悬挂黄色粘虫板诱杀有翅蚜，30cm×20cm 的黄板每亩放 30～40 块，悬挂高度与植株顶部持平或高出 5～10cm。

(三) 药剂防治

1. 褐纹病

发病初期及时摘除病部，并用 75% 百菌清、64% 杀毒矾、58% 雷多米尔 600 倍液、80% 代森锰锌可湿性粉剂 500 倍液喷雾防治。每 7～10 天 1 次，连续 2～3 次。

2. 绵疫病

主要为害果实，发病初期用 75% 百菌清、64% 杀毒矾、58%

雷多米尔 600 倍液喷雾，交替使用。每 7～10 天 1 次，连续 2～3 次。

3. 红蜘蛛和茶黄螨

引起茄子生长点叶片卷曲、枯死，可用 40% 乐果乳油 800 倍液；或 70% 克螨特乳油 1 500 倍液，1.8% 虫螨克乳剂 2 000 倍液喷雾防治，交替使用，每 7～10 天 1 次，连续 2～3 次。

4. 茄螟

以幼虫为害蕾、花并蛀食嫩茎、嫩梢及果实。可用 Bt、Hd－1 等苏云金芽孢杆菌制剂；或 10% 氯虫苯甲酰胺（康宽）3 000 倍液喷雾，3.2% 高效氯氰菊酯·甲氨基阿维菌素苯甲酸盐微乳剂喷雾防治。

5. 斜蚊夜蛾

在卵块孵化到 3 龄幼虫未分散前选择以下药剂交替喷雾防治：25% 灭幼脲悬浮剂 3 500～4 500 倍液、15% 茚虫威悬浮剂 3 500～4 500 倍液、10% 氯虫苯甲酰胺（康宽）3 000 倍液、20% 虫酰肼悬浮剂 2 000 倍液、3.2% 高效氯氰菊酯·甲氨基阿维菌素苯甲酸盐微乳剂、1.8% 阿维菌素乳油 2 000 倍液、5% 氟啶脲乳油 2 000 倍液或 25% 多杀菌素悬浮剂 1 500 倍液。宜傍晚前后喷药，每 7～10 天 1 次，连续 2～3 次。

6. 蚜虫

除为害叶片和花蕾外，尚可传染病毒病，可选用 70% 吡虫啉水分散粒剂 1 000 倍液或 10% 吡虫啉可湿性粉剂 1 000～1 500 倍液、50% 抗蚜威可湿性粉剂 2 000～3 000 倍液、1% 苦参碱水剂 600～800 倍液，50% 避蚜雾可湿性粉剂 2 000 倍液或 10% 的一遍净 3 000 倍液防治。每 7～10 天 1 次，连续 2～3 次。

七、适时采收

掌握"宁早勿迟，宁嫩勿老"的原则。茄子以嫩果采收上市。采收早晚不仅影响品质，也影响产量。特别是门茄，如果不及时采收易坠秧，就会影响对茄发育和植株生长。一般当茄子萼片与果实相连处的浅色环带变窄或不明显时，表示果实已生长缓慢，此时即可采收上市。一般于清晨或傍晚凉爽时采收。

第三节　番茄栽培

一、品种选择

应选用耐高温高湿、抗青枯病能力强、丰产性好的品种。如以色列金刚果石头番茄、浙粉 202、金棚一号、赣番茄 2 号、钻红美丽、钻红八号、西粉三号、强力米、中蔬 4 号、中杂 7 号、苏杭 9 号等。

二、培育壮苗

（一）育苗基质的制备

育苗营养土必须认真配制，选无病虫害的大田作物地块的心土 6 份，以壤土为好，加经腐熟和粉碎的有机肥（如猪肥、鸡粪等）4 份，并按每立方加 N、P、K 复合肥 1kg 后充分拌匀。为防止土壤传播病虫害可每立方米均匀掺入"多菌灵" 200g、"敌百虫" 100g。如采用基质穴盘育苗，最好选用专用的育苗基质效果比较好。

（二）种子处理

1. 消毒

种子用 55℃热水浸种 15min，捞出后放入 10% 磷酸三钠溶液中浸泡 20 ~ 30min，用清水冲洗干净，最后放入 25 ~ 30℃的温水中浸种 6 ~ 8h。

2. 催芽

将消毒好的种子洗净，放进小瓷碟内，上盖湿纱布，放在 25 ~ 30℃环境中催芽，每天用清水冲洗 1 次。当有 60% 的种子露白尖时停止催芽，准备播种。

（三）播种

湖南番茄露地栽培宜在 12 月至翌年 1 月上旬于大棚冷床播种，每亩大田用种 15g，需苗床面积 15m²。采用基质穴盘育苗，先将基质拌湿、拌匀后装入 50 孔或 72 孔穴盘中，将基质稍压实后每穴播入 1 粒种子，稍覆一薄层基质土后覆盖地膜和小拱棚保温保湿促进出苗。

（四）幼苗培育

维持床温 25℃左右。50% 幼苗出土及时揭开地膜，随后降温降湿，加强光照。保持床温 15～20℃，气温 20～25℃，做到尽量降低基质湿度，基质不现白不打水，促使幼苗根系下扎，同时以防猝倒病发生。待幼苗子叶充分展开破心时，加强肥水管理，以干湿交替为原则，促进地上部真叶生长。白天床温 15℃以上时揭开小拱棚，夜晚盖上保温。注意病虫害防治，定植前 5～7 天，将温度逐渐降低至 13～15℃并控水进行炼苗。壮苗标准：8～9 片真叶，株高 18～25cm，叶色浓绿，茎秆粗壮，节间短，根系发达。

三、整地施肥

选用 3～4 年未种过茄果类的地块，冬季进行深翻晒土。移栽前 10 天进行整地。土壤翻耕结合施肥进行，每亩撒生石灰 150～200kg，以提高土壤酸碱度，使青枯病失去繁殖的酸性环境。施入腐熟人畜粪 3 000kg，饼肥 75kg，三元复合肥 50kg，采用全耕作层施用的方法，即肥与畦土充分混合。土壤翻耕施肥后，立即整地作畦，畦宽 0.8m，畦沟宽 0.5m，沟深 0.3m，畦面平整，略呈龟背形，然后覆盖地膜。

四、定植

（一）定植时间

番茄喜温，春季定植过早，温度不稳定，易受倒春寒等恶劣天气影响，容易受冷害。春茬露地定植时宜在 3 月下旬至 4 月上旬。

（二）种植密度

根据品种而定，早熟品种行株距50cm×35cm，每亩2 900株；晚熟品种50cm×45cm，每亩2 300株。

五、田间管理

（一）搭架和整枝

1. 搭架

当蔓长至40cm左右，及时搭架。在植株旁插一根长1.7~2m的竹竿，将相对的两根竹竿顶端交叉扎成一组成"人"字形，一排相连成篱形。蔓长0.4m左右时引蔓上架，然后每隔3~4节绑一次蔓。

2. 整枝

一般采用单秆整枝，及时摘掉多余的侧枝。有限生长类型品种留3层果，无限生长类型品种可留4~5层果摘心，结合整枝绑蔓摘除下部老叶，病叶，并进行疏花疏果。整枝在第一花序已开花成小果时进行，可以调节营养生长与生殖生长的矛盾，促进多结果，结大果。单秆整枝，摘除所有侧枝，只让主枝继续生长结果；双秆整枝，留主枝与一个强侧枝，其余所有侧枝摘除。

（二）水肥管理

移栽初期必须控制浇水，防止番茄茎叶徒长，促进根系发育。第一花序坐果后，每亩追施复合肥15kg，灌1次水；第二和第三果长至直径3cm大小时，分别进行第二、第三次施肥，亩用尿素5~10kg、硫酸钾复合肥15~20kg。以后每批收果后均要同样追肥，还可淋施粪水和沼气肥，喷施叶面肥。灌水要在晴天上午进行。

（三）防止落花落果

为防止落花落果，在花期加强温度水分等环境条件控制的同时，进行人工辅助授粉（振动植株或花序）并采用番茄灵或2，

4－D 等坐果激素处理花。

正确使用坐果激素，常用的几种方法如下。

1. 涂抹法

用 2，4－D 时，采用浓度为 15～20mg/L，先根据 2，4－D 类型将药液配好并加入少量的红或蓝色做标记，然后用毛笔蘸取少许药液涂抹花柄的离层或柱头上。

2. 蘸花法

用 PCPA、2，4－D 时均可用此法。将开有 3～4 朵花的整个花穗在溶液中蘸一下，然后将小碗边缘轻轻触动花序，让过多的激素流在碗里。

3. 喷雾法

用番茄灵时采用，当番茄每穗花有 3～4 朵开放时，用小喷雾器或喷枪对准花穗喷洒，使雾滴布满花朵又不下滴。

4. 注意事项

使用 2，4－D 蘸花时使用的浓度要适中，随着气温的升高浓度变低；蘸过的花要涂色做好标记，严防重复蘸花；蘸花时要精心操作，防止 2，4－D 药液滴到嫩枝、嫩叶上；严禁在田间喷洒 2，4－D，若田间花量大，需要喷花时可用番茄灵。

六、病虫害防治

（一）病害防治

露地番茄病害主要有晚疫病、灰霉病、叶霉病、病毒病、早疫病等。

在发病前喷保护性杀菌剂预防为主，如百菌清（达科宁）600～800 倍液即可，7～10 天一次，连喷 3～5 次；硬皮番茄抗病性强，进行常规的病害预防即可，以 10～15 天一次为宜，以保护性杀菌剂为主，如百菌清（达科宁）600～800 倍液即可。出现病害时再对症用药。

黄化曲叶病毒病用茹类蛋白（仙菇）加壳寡糖（百净）800 倍液加上芸苔素和赤霉酸 GA4＋7（全树果）再加上有机硅（捷

润）喷雾，4~5天1次，连喷4次，效果非常明显。叶霉病采用氟菌唑（特富灵）3 000倍液或亚胺唑（霉能灵）1 500~2 000倍喷雾，4~5天1次，连喷2次即可。

晚疫病用精甲霜灵+百菌清（菲格），烯酰吗啉800~1 000倍液，二者交替使用，4~5天一次连喷3~4次。早疫病用氟菌唑（特富灵）3 000倍液或亚胺唑（霉能灵）1 500~2 000倍液或异菌脲（扑海因）1 000倍液喷雾，5~7天1次，连喷2~3次。

灰霉病用腐霉利和嘧霉胺800~1 000倍液交替使用，5~7天1次，连喷2~3次即可。

（二）虫害防治

虫害主要有蚜虫、白粉虱、棉铃虫等，蚜虫可用吡虫啉、大功臣喷雾防治；白粉虱发生初期在大棚内张挂白粉虱粘虫板（30张/亩）进行诱杀，发生盛期采用联苯菊酯或呋虫胺叶面喷雾防治；棉铃虫可用功夫或抑太保等溴氰菊酯类农药防治。

七、采收

番茄的采收期因温度高低、品种不同而有差异。一般从开花到果实成熟，早熟品种40~50天，中熟品种50~60天。鲜果上市最好在转色期或半熟期采收；贮藏或长途运输最好在白熟期采收；加工番茄最好在坚熟期采收。适时早采收可以提早上市，增加前期产量和产值，并且还有利于植株上部果实的生长发育。

第四节　黄瓜栽培

一、品种选择

春季栽培应选择耐寒、早熟、商品性状好、丰产、抗病性强的品种。目前适于湖南省春季露地栽培的主要黄瓜品种有津优1号、津研4号、津优41号、中农8号、中农16号、博美8号、燕白、燕青、蔬研2号、蔬研12号、蔬研白绿等。夏秋栽培应选择适应性广，抗病性和耐热性强，在长日照条件下易于形成雌花的中晚熟品种。可选用津绿 4 号、津优 1 号、津优 41 号、中农 8 号、博美 8 号、夏青 4 号、蔬研 10 号、蔬研白绿、鲁黄 2 号等品种。

二、播种育苗

(一) 种子处理

采用温汤浸种对种子表面消毒处理。将干种子放入 55～60℃ 的温水中处理 10min，使温度降至 28～30℃ 时，浸种 2～3h，淘洗干净后催芽。适宜的催芽温度为 28～30℃，经 24h 后开始出芽。

(二) 播种

露地春黄瓜的适宜播种期一般在 3 月上旬；夏黄瓜的适宜播种期为 6—7 月；秋黄瓜的适宜播种期为 8 月上旬。亩用种量一般为 100～120g。采用营养钵育苗，宜选用口径为 8～10cm 的塑料筒或纸筒做成的营养钵。播种前浇足底水，待水渗后，每钵点播 1 粒种子，播后还需用过筛细土覆盖。或采用营养土方育苗，即在播种前 3 天将营养土渗水，和成湿泥平铺在苗床内，约 10cm 厚，用刀切成 10cm 见方的泥块，在每一方块中央点一小穴，即可播种。按上述方法播种后，均需覆土 1～2cm 厚。在育苗床上盖地膜加小拱棚，并于夜间加盖草苫保温。出苗期白天温度 25～30℃，夜间保持 18～20℃。

(三) 苗期管理

从播种到出苗前，床温维持 25℃ 左右，可促进幼苗种子尽快拱土，提高发芽率和整齐度。当 50% 幼苗拱土，及时揭开地膜。子叶展开至破心期间苗床应适当通风、降温、降湿，防止温度过高形成徒长苗，湿度过大诱发猝倒病、立枯病等。当幼苗长出第 2 片真叶时，尽可能让小苗接受阳光照晒，适当降低气温。要注意尽可能的延长光照时间。在播种前浇透底水的前提下，苗期原则上不必浇水。一般情况下，为防止播种后苗床面上出现龟裂，可在种子拱土至幼苗真叶吐心进行覆土，每次覆土厚度 2cm 左右。

在定植前 7~10 天，外界气温逐渐升高，苗床应加强通风，有利于定植后缓苗。用营养土育苗的，需在定植前 4~5 天将苗床浇透水，于次日挖苗进行囤苗。待四周长出新根后定植，成活率高。用营养钵育苗的，在定植前一天停止浇水，准备定植。

适龄壮苗标准子叶肥厚、平展，在定植时未脱落；真叶展开 3~4 片，叶片大而厚，色浓绿，水平展开；节间短，茎较粗，生长点伸展；根系发达；植株无病虫及机械损伤。日历苗龄为 35~40 天。

三、整地施肥

黄瓜忌连作，应选择疏松、肥沃、排灌便利、最好是 3 年未种过瓜类作物的地块种植。冬闲地应于入冬前先行冬耕与晒垡，翌年土壤化冻后，亩撒施腐熟优质有机肥 3 000kg 或饼肥 100~150kg、复合肥 50kg、钙镁磷肥 50kg 后再行旋耕。南方地区降雨多，多做高畦便于排水，畦宽 100cm、畦高 25cm、沟宽 50cm。同时覆盖地膜。

四、定植

宜选择清明后的晴好天气定植。长江中下游地区阴雨天较多，定植不宜过密，一般行株距为 60cm×35cm，每亩栽植 2 500株左右。定植深度以土坨与畦面相平即可。定植后立即浇压蔸水，随即用泥土封闭定植孔。

五、田间管理

（一）搭架与整枝

露地黄瓜搭架宜采用人字架，在植株旁插一根长 2.5m 的竹竿，将相对的两根竹竿顶端交叉扎成一组成"人"字，一排相连成篱形。蔓长 0.4m 左右时引蔓上架，然后每隔 3~4 节绑一次蔓，同时打杈，抹除卷须，摘去老叶病叶。

（二）肥水管理

春黄瓜定植后缓苗期5天左右，土壤干旱时应浇缓苗水。高畦栽培而降雨量大时，缓苗后应尽量排水，防止畦面和畦沟积水。如果土壤过湿则影响地温，降低土壤中空气容量，从而影响根系发育。黄瓜肥水管理原则：采一次果追一次肥，轻浇勤浇，淡水淡肥。到收获根瓜前后，蔓上有瓜不易疯秧，应开始追肥灌水，以促蔓叶与花果的生长，保持蔓叶、根系的更新复壮。第1次追肥应以速效优质肥料为主，每亩追施淡粪肥等1 500～2 000kg。以后每采收2批黄瓜追一次肥。

六、病虫害防治

主要病害有黄瓜霜霉病、白粉病、细菌性角斑病、枯萎病花叶病、疫病等。

（一）黄瓜霜霉病

①选用抗病品种；②清洁田园；③选择地势高、排水好的地块种植，施足底肥，增施磷、钾肥，视病情发展适当控水；④药剂防治一般在阴雨天来临之前进行预防，可用25%甲霜灵可湿性粉剂800倍液或75%百菌清可湿性粉剂600倍液或72.2%霜霉威水剂600～800倍液喷雾。隔6～7天喷1次，连喷3～4次。农药需交替使用，喷药时叶的正反面均要喷到，重点喷病叶的背面。对健康叶也要喷药保护。

（二）黄瓜白粉病

①选用抗病品种；②采用地膜覆盖，科学浇水，施足腐熟有机肥，增施磷、钾肥，增强植株抗病能力；③发病初期喷2%武夷霉素水剂或2%抗霉菌素水剂200倍液。隔7天喷1次，连喷2～3次。还可选用15%三唑酮可湿性粉剂1 000倍液或40%氟硅唑乳油8 000倍液或50%硫黄悬浮剂250倍液等喷雾。

（三）黄瓜细菌性角斑病

①与非瓜类作物实行2年以上轮作；②选用选耐病品种；

③选用无病种子，或种子用 55℃ 温水浸种 20min，或用新植霉素 3 000 倍液浸种 2h 后捞出，再用清水洗净后催芽；④加强田间管理，及时摘除病叶、病瓜、病蔓；⑤发病初期用 40% 甲霜铜可湿性粉剂 600 倍液或 78% 波·锰锌可湿性粉剂 500 ~ 600 倍液或 72% 农用链霉素可溶性粉剂 4 000 倍液等喷雾。

（四）黄瓜枯萎病

①采用嫁接苗栽培；②种植抗（耐）病品种；③种子用 60% 多菌灵盐酸盐（防霉宝）可湿性粉剂 600 倍液浸种 1h 后催芽播种；④轻病田结合整地，每公顷撒石灰粉 1 500kg 左右，使土壤微碱化；⑤采用高畦覆地膜栽培，移栽时防止伤根，加强管理促使根系发育，结瓜期避免大水漫灌；⑥雨后及时排水，出现零星病株用 50% 多菌灵可湿性粉剂 500 倍液或 20% 甲基立枯灵乳油 1 000 倍液或 10% 双效灵水剂 200 倍液等灌根，每株灌液 0.25 ~ 0.5L，隔 10 天再灌 1 次，要早治早防。药剂可交替使用。

（五）黄瓜花叶病

①选用抗病品种；②加强栽培管理，适时育苗、定植；采用营养钵育苗，减少移苗时伤根；③夏秋黄瓜有条件可采用遮阳网（20 ~ 24 目）覆盖栽培；④及时清洁田园，农事操作时减少接触传染；及时防治蚜虫；⑤发病初期喷施下列药剂之一或交替使用：20% 盐酸吗啉胍·铜（病毒 A）可湿性粉剂 500 倍液或 6% 病毒克或 10% 病毒必克可湿性粉剂 800 ~ 1 000 倍液或 3% 三氮唑核苷水剂 800 ~ 1 000 倍液等。7 ~ 10 天喷 1 次，连续 2 ~ 3 次。

（六）黄瓜疫病

①实行 3 年以上轮作；②采取深沟高畦或小高畦栽培，保持排水通畅，发现病株及时拔除并控制浇水或用畦底沟浇小水；③加强病情检查，发病前，尤其雨季到来前应该喷一次药剂预防，雨后发现中心病株及时拔除，立即喷洒 58% 甲霜灵锰锌可湿性粉剂 500 倍液或 64% 恶霜锰锌可湿性粉剂 500 倍液或 72% 霜脲锰锌可湿性粉剂 600 倍液等。隔 7 ~ 10 天喷 1 次，病情严重时 5 天喷 1

次，连续防治 3 ~ 4 次。

春黄瓜主要虫害有黄守瓜、斑潜蝇、蚜虫、白粉虱、红蜘蛛等，防治方法参照设施黄瓜栽培，不再赘述。

七、采收

黄瓜具有连续结果、多次采收的习性。露地春黄瓜从定植到始收，一般早熟品种需 25 天，中晚熟品种需 30 天左右。一般根瓜应及时早采，以防坠秧；中部瓜条应在符合市场消费要求的前提下适当晚采，通过提高单瓜重来提高总产量；上部所结的瓜条也应当早采，以防止植株早衰。

第五节　西葫芦栽培

一、品种选择

西葫芦露地栽培宜秋季栽培效益较好。应选择短蔓、耐热、抗病的品种，如玉冠、玉春、玉女、珍玉 17、高抗型珍玉 10 号、珍玉 35、珍玉小荷等。

二、播种育苗

（一）种子处理

（1）温汤浸种用 55℃ 左右的温水浸种，水量是种子体积的 6 倍，不停搅拌，待水温降至 30℃ 时浸泡 3 ~ 4h，捞出后用清水搓洗干净。

（2）药剂浸种用常温水浸泡 3h，再用 1% 高锰酸钾溶液浸种 20 ~ 30min 或用 10% 磷酸三钠溶液浸种 15min，捞出后用清水冲洗干净。

（二）播种

秋西葫芦播种过早，易感染病毒病。播种过晚，生长期短，影响产量，其适宜播种期为 8 月初。在避雨遮阳棚内整平苗床，将 32 孔穴盘装好基质后整齐置于苗床上，浇足底水，然后打孔播种，每孔播种 1 粒，盖好基质后随即贴盘覆盖遮阳网降温保湿。

（三）秧苗培育

幼苗开始拱土即揭开遮阳网，保持基质湿润，防止高温引起秧苗徒长，喷病毒 A 一次防病毒病，15 天左右成苗。

三、整地施肥

西葫芦根系较发达，耐肥水，宜选择比较肥沃的菜园或水肥条件较好的地块种植。且要求 2 年以上未种过瓜类蔬菜。于前茬作物收获后翻耕土壤，深耕翻地 25 ~ 30cm，结合翻耕亩施生石灰 100kg，腐熟农家肥 3 000 kg 或鸡粪 5m^3、磷酸二铵 20kg、尿素 8kg、硫酸钾 30kg 作基肥，将肥料与土壤混匀后整地作畦。畦宽 1m，沟宽 50cm，沟深 30cm。畦面整成龟背形，并覆盖银黑双色地膜。

四、移栽

8 月中下旬选阴天或晴天傍晚时移栽。每畦栽两行，行株距 60 在畦面的两边膜上，按株距 60cm×60cm，呈"品"字形排列，亩植 1 500 株左右。移栽后及时浇压蔸水，次日浇复水 1 ~ 2 次，促进缓苗。

五、田间管理

（一）肥水管理

抽蔓前，浇提苗肥 2 ~ 3 次。遇天气干旱，一般 7 天浇 1 次水，注意浇小水，切忌大水浸灌。开花后 7 ~ 10 天浇催瓜水。当第一个瓜坐住后，结合浇水，每亩追三元复合肥 15kg。进入结瓜盛期，水肥齐供，每亩追施三元复合肥 20kg。结瓜盛期，每亩追尿素或复合肥 10 ~ 15kg，随水浇施。若肥水不足，西葫芦易形成尖嘴瓜、细腰瓜。下大雨或暴雨，及时排水，田间不要有积水。

（二）整枝打杈

西葫芦长势强，需进行整枝打杈。要随时摘去侧蔓留主蔓结瓜。当第一个瓜长到 10cm 左右时，以后长出的侧蔓也应及时摘去，以控制营养生长，促进瓜膨大，后期还要摘除老叶、病叶，以利于通风透光减少病害。

（三）人工授粉

人工辅助授粉是保证或提高秋西葫芦的坐瓜率，获得高产稳产的一项重要措施。为了促进多结瓜，减少落花、落果，可于 9 时前进行人工授粉。采下刚刚开放、颜色鲜艳、花冠直径较大的雄花，去掉花瓣，把雄蕊的花粉轻轻涂抹在雌花的柱头即可。一朵雄花可涂抹 2~3 朵雌花。采取人工混合授粉方法比单个雄花人工授粉的效果更好。在授粉前先采集一定数量的雄花，将花粉收集到容器中，经混合后，用毛笔蘸取花粉，涂抹在雌花的柱头上。授粉后第二天下午，检查人工辅助授粉的效果，如果雌花花柄弯曲下垂生长，子房前端开始触地，说明授粉成功。如果雌花花柄仍然向上或仍然向前伸直，说明未授上粉，需要重新授粉。

六、病虫害防治

（一）农业防治

1. 选用抗病品种

针对当地主要病虫害控制对象及种植情况选择抗病品种。

2. 清洁田园

前茬作物收获后及时清理残枝落叶，带出田块进行无害化处理，降低病虫基数。

3. 轮作换茬

实行严格的轮作制度，与非瓜类作物进行 2 年以上的轮作栽培，最好实行水旱轮作。

4. 清除病叶、病枝

有利于减少病害传播。

（二）物理防治

1. 杀虫灯或糖醋液

（糖 6 份、醋 3 份、白酒 1 份、水 10 份及 90% 敌百虫 1 份）诱杀斜纹夜蛾成虫。杀虫灯悬挂高度一般为灯的底端离地 1.2 ~ 1.5m，每盏灯控制面积一般在 20 ~ 30 亩。

2. 黄板诱杀

在田间悬挂黄色粘虫板诱杀有翅蚜，30cm × 20cm 的黄板每亩放 30 ~ 40 块，悬挂高度与植株顶部持平或高出 5 ~ 10cm。

（三）药剂防治

1. 白粉病

发病初期可用 25% 粉锈宁可湿性粉剂 2 500 倍液或 20% 三唑酮乳油 2 000 倍液或 40% 多硫悬浮剂 600 倍液或 2% 抗霉菌素水剂 200 倍液，并配合喷施新高脂膜 800 倍液增强药效。每隔 6 ~ 7 天喷 1 次，连喷 2 ~ 3 次。

2. 灰霉病

用 50% 速克灵或 50% 扑海因 1 000 倍液或 70% 代森锌可湿性粉剂 400 倍液或 50% 多菌灵可湿性粉剂 500 倍液，不同配方可交替使用，每隔 6 ~ 7 天喷 1 次，连喷 2 ~ 3 次，每亩每次喷药液 45 ~ 60kg。

3. 病毒病

在防治蚜虫、飞虱等虫害的基础上，用 20% 病毒 A 可湿性粉剂 500 倍液或 25% 病毒一次净 500 倍液或抗毒剂 1 号水剂 250 ~ 300 倍液或 1.5% 植病灵乳剂 800 ~ 1 000 倍液或细胞分裂素 600 倍液喷雾防治，每 10 天 1 次，连续 2 ~ 3 次。

4. 蚜虫

蚜虫除为害叶片和花蕾外，尚可传染病毒病，可用 50% 避蚜雾可湿性粉剂 2 000 倍液或 10% 的一遍净 3 000 倍液或 1.8% 虫螨克乳剂 2 000 倍液喷雾防治。

5. 黄守瓜

成虫、幼虫都能为害。成虫喜食瓜叶和花瓣，还可为害瓜幼苗皮层，咬断嫩茎和为害幼果。叶片被食后形成圆形缺刻，影响光合作用，瓜苗被害后，常带来毁灭性灾害。幼虫在地下专食瓜类根部，重者使植株萎蔫而死。可用20%蛾甲灵乳油1 500～2 000倍液或10%氯氰菊酯1 000～1 500倍液或10%高效氯氰菊酯5 000倍液，于中午喷施植株、土表和田边杂草等害虫栖息场所来防治。此外，也可进行人工捕捉。

七、适时采收

西葫芦雌花受粉闭合后，一般8～10天即可采摘。采摘时应视瓜秧健壮情况定。瓜秧生长健壮，第二瓜坐稳后，摘第一个瓜，以免造成营养生长过旺，坐瓜难。瓜秧长势弱的，当第一个瓜成形后即可采摘，防止坠秧。及时采摘，不仅瓜鲜嫩，品质佳，更重要的是可以提高结瓜率，增加产量。

第六节　南瓜栽培

一、品种选择

宜选择优质高产、抗病性强、商品性好的杂交一代品种。老南瓜品种主要有兴蔬大果蜜本、金船蜜本、江淮早蜜本等品种；嫩仔南瓜品种主要有兴蔬嫩早一号、嫩早二号、一串铃1号、一串铃2号、一串铃3号、一串铃4号等品种。

二、播种育苗

（一）种子处理

一般于3月上旬在大棚内采用冷育苗，亩用种量160～200g，播种前先晒种1～2天，55℃温汤泡种20min；再浸种3～4h。为预防苗期病害，也可用1 000倍液高锰酸钾浸种4h消毒，然后用清水冲洗种子数遍，除去药液，捞出种子晾 1 ~ 2h，待种子表面干爽后用湿毛巾包好置于 28 ~ 32℃ 恒温箱中催芽 36h 左右，待 70% 种子胚根显露（俗称露白）时即可播种。

（二）播种

在大棚内平整床底，床宽 1.1m，床长不限，将 32 或 50 孔穴盘装好基质后整齐置于苗床上，浇足底水，然后打孔播种，每孔播种 1 粒，盖好基质后随即覆盖地膜，再加盖小拱棚保温保湿。

（三）秧苗培育

播种后白天保持小拱棚内温度 25 ~ 30℃，晚上保持在 12 ~ 15℃。幼苗开始拱土即揭开地膜，随后降温降湿，加强光照。保持床温 15 ~ 20℃，气温 20 ~ 25℃，做到尽量降低基质湿度，基质不现白不打水，促使幼苗根系下扎，同时以防猝倒病发生。待幼苗子叶充分展开破心时，加强肥水管理，以干湿交替为原则，促进地上部真叶生长。白天床温 15℃ 以上时揭开小拱棚，夜晚盖上保温。

（四）壮苗标准

苗龄 25 ~ 30 天，株高 10cm 左右，茎粗 0.4cm 以上，叶片 3 ~ 4 片真叶，叶色浓绿，根系发育良好，布满整个基质块。具体表现为下胚轴短壮、子叶肥大、平展、对称、色浓绿、根系发达而色白。

三、整地施肥

选择肥沃疏松、排灌良好，近两年没种过南瓜的地块于定植 15 天前进行土壤翻耕，随后亩施施商品有机肥 500kg、硫酸钾型复合肥 35kg、钙镁磷肥 50kg。用旋耕机旋耕土壤 1 ~ 2 遍，将肥料与土壤混匀，然后进行整地作畦。老南瓜爬地栽培按畦面宽 6m 作畦，畦高 25cm，沟宽 40cm；嫩仔南瓜棚架栽培一般畦宽 3m，畦高 30cm，沟宽 40cm，吊蔓或人字架栽培一般畦宽 1.2m，畦高 30cm，沟宽 40cm；畦面整平后及时覆盖地膜备栽。

四、定植

清明过后当幼苗具 3~4 片真叶时选晴天移栽，每畦栽两行，老南瓜爬地栽培每亩 300 株（中晚熟品种）至 4 500 株（早熟品种）；嫩仔南瓜棚架栽培每亩 800 株，人字架栽培每亩 1 600 株。栽后及时浇上压蔸水，随即用土杂肥封严定植孔。

五、田间管理

（一）植株调整与搭架

老南瓜多采用双向引蔓，在植株倒蔓前打顶，留 2~3 根侧枝；嫩仔南瓜要根据种植方式及时搭架、引蔓，搭架后需及时进行整枝，保留一根主蔓上架。

（二）肥水管理

老南瓜前期控制肥水。坐果后，当瓜重 1.5~2kg 时，追施 1 次膨瓜肥。嫩仔南瓜搭架后需进行一次追肥，此期一般用腐熟人粪加少量速效化肥进行追施；南瓜第一批瓜坐稳后重施一次追肥，促进果实的快速膨大。嫩仔南瓜生长前期正值南方多雨时节，一般不需要灌水。

（三）保花保果

老南瓜开花时期正值梅雨季节，采用人工授粉可以防止落花，提高坐果率。授粉要在上午 9 时前进行，用开放的雄花在雌花柱头上轻轻涂抹，以达到授粉的目的。大多数的嫩仔南瓜品种雌花均早于雄花开放，不采取相应措施则会出现化瓜，解决的方法是：第一，在每畦嫩南瓜的中间种植西葫芦，数量约嫩南瓜株数的 1/5；第二，采用浓度为 20~40mg/L 的 2, 4 - D 在雌花开花时，涂抹在花冠或花柄上；第三，当嫩南瓜雄花少量开放后，进行人工授粉。

六、病虫害防治

南瓜的虫害主要有蚜虫、瓜实蝇等，病害主要有白粉病和病毒病，近年来，霜霉病、炭疽病、蔓枯病、疫病在部分地区也日益严重。

（一）农业防治

1. 选用抗病品种

针对当地主要病虫害控制对象选择高抗、多抗品种，并结合浸种进行消毒。

2. 清洁田园

及时拔除病株，带出田块进行无害化处理，降低病虫基数。

3. 加强养分管理

防止偏施氮肥，提高抗逆性；增加石灰施用量，防止土壤过酸；加强栽培管理进行预防。

4. 轮作换茬实行严格的轮作制度

（二）物理防治

1. 杀虫灯或糖醋液

（糖6份、醋3份、白酒1份、水10份及90%敌百虫1份）诱杀斜纹夜蛾成虫。杀虫灯悬挂高度一般为灯的底端离地1.2～1.5m，每盏灯控制面积一般在20～30亩。

2. 黄板诱杀

在田间悬挂黄色粘虫板诱杀有翅蚜，30cm×20cm的黄板每亩放30～40块，悬挂高度与植株顶部持平或高出5～10cm。

（三）药剂防治

1. 蚜虫

用10%吡虫啉1 000～1 500倍液防治。

2. 瓜实蝇

用2.5%溴氰菊酯3 000倍液每隔3～5天喷1次，连喷2～3次。

3. 白粉病

用50%的硫黄悬浮剂500倍液、三唑酮可湿性粉剂600倍液或喷施粉锈宁乳油 2 000 倍液进行防治。

4. 病毒病

结合蚜虫的防治，采用植物源农药大黄素甲醚 600 液或病毒 A 可湿性粉剂 500 倍液于发病前或发病初期防治。

5. 疫病

可用 75% 甲霜灵 800 倍液 + 代森锌 1 000 倍液、61% 乙膦锰锌可湿性粉剂 500 倍液防治。

七、适时采摘

老南瓜座果后 45 ~ 50 天即可采收；嫩南瓜一般开花后 5 ~ 7 天应及时采收，以免影响植株和后续果实的生长而降低产量。

第七节　丝瓜栽培

一、品种选择

宜选择前期耐寒后期耐热，第一雌花节位低，雌花率高，果实发育快，商品性极佳的早熟品种。目前适于湖南省春提早栽培的主要丝瓜品种有早优 3 号丝瓜（短棒型）、长沙肉丝瓜（短棒型）、湘研珍棒丝瓜、兴蔬皱皮丝瓜、早优 6 号丝瓜、早优 8 号丝瓜、早佳 406（长棒型）、早香 2 号（白皮型）、株洲白丝瓜等。

二、培育壮苗

（一）培养土准备

培养土由 4 份近 1 ~ 2 年未种过瓜类作物的菜园土和 1 份充分腐熟的有机肥混配而成。

（二）播种育苗

一般于 2 月下旬到 3 月上旬播种，亩用种量 300g 左右。播种前种子用两开一凉的温水（50 ~ 55℃）浸种半小时，并不停的搅拌。再在常温下浸种 3 ~ 4h 后用清水冲洗晾干后播种于苗床，加盖1cm左右厚的培养土，不使种子外露为宜，一次性浇水后覆盖地膜和小拱棚，出苗期保持棚内白天25～30℃，晚上15～20℃，破心后适当降低棚内温湿度，一般白天20℃，晚上14～18℃，床土露白时可在晴天中午适当浇水，同时追施0.2%的复合肥液。

（三）分苗假植

幼苗两片子叶展开时，抢冷尾暖头晴天无风天气，中午前后带土移植到装有营养土的营养钵内，或按10cm×12cm的株行距假植到分苗床内，随后淋压蔸水，加盖小拱棚，使其苗床保持地面温度14～20℃，棚内温度20～25℃，结合淋水时用10%的稀粪水或0.2%复合肥进行追肥，保持幼苗健壮生长，定植前一周适当增加通风，降低棚内温、湿度。

三、整地施肥

丝瓜由于其生育期长，整土时要求施足基肥，一般每亩撒施饼肥100～150kg或商品有机肥500kg、硫酸钾型复合肥50kg、钙镁磷肥50kg。将肥料与土壤混匀，然后进行整地作畦，一般按照1.8m包沟作畦，畦面宽140cm，略呈龟背形，沟宽40cm，沟深30cm，整地后覆盖无色透明地膜，并开好排水深沟。整地施肥工作应于移栽前1周完成。

四、适时定植

湖南地区丝瓜露地栽培适宜定植苗龄为三叶一心，一般在4月中下旬定植，双株双行定植，在畦面两侧各栽一行，穴距100cm左右，每亩1 400株左右。栽后及时浇上压蔸水，成活后用根线宝或750倍液噻唑膦200ml灌蔸预防根结线虫病，随即用土杂肥封严定植孔。

五、搭架引蔓、植株调整

丝瓜蔓长30～40cm时及时搭架，一般采用"人字架"或"平棚架"，"平棚架"棚架高2m，每畦一棚。及时绑蔓上架，摘除第一雌花以下所有侧枝，上棚后一般不再摘除侧蔓。盛果期除去老叶、病叶和过多的雄花、卷须，以利于通风透光和减少养分消耗。

六、人工授粉

丝瓜生长前期由于气温较低，光照不足，昆虫活动少，在雌花开放当天6~9时用当天开放的雄花进行人工授粉，可大大提高丝瓜的坐果率，加速果实的生长发育，前期产量增加明显，并且瓜条匀称，畸形瓜少，商品性状有明显改善。

七、肥水管理

丝瓜生长前期适当节制肥水，4月中旬气温回升较快，晴天早晚揭盖保苗健壮，4月下旬气温稳定通过15℃时应加大通风透气，一般用2成浓度稀粪水追2~3次促苗肥，中后期做到淡肥勤施，每采收1~2次追一次20%~30%浓度的粪水并加放适量的复合肥，以促进果实的迅速膨大。

八、病虫害防治

丝瓜生长期间病害一般较少，常见的有霜霉病、疫病、蔓枯病、白粉病可用百菌清、杜邦克露、代森锰锌等药剂进行防治；虫害主要有蚜虫、黑守瓜、斑潜蝇、瓜绢螟和瓜实蝇虫害等。蚜虫可用吡虫啉或大功臣喷雾防治；黑守瓜用10%氯氰菊酯乳油1 500~3 000倍液喷雾防治；斑潜蝇用4.5%高效氯氰菊酯乳油、20%灭虫胺可溶粉剂、1.8%阿维菌素水乳剂喷雾防治；瓜绢螟可用阿维菌素或氯氰菊酯乳油喷雾防治；重点防治瓜实蝇的为害，在瓜架高1m左右处悬挂瓜实蝇粘胶板或粘虫板上面喷洒果瑞特诱杀成虫效果比较好。

九、适时采收

丝瓜是以嫩瓜为商品瓜，因此要及时采收，雌花开放授粉后

10 天左右、瓜重 300～500g 即可采收，花蒂尤存时采收最佳。一般 2～3 天采收一次，以促其持续结果。

第八节 苦瓜栽培

一、品种选择

宜选择耐低温、耐弱光，早熟，生长势强，雌花节率高，节成性好，连续坐果能力强的品种。目前适于湖南省露地栽培的主要苦瓜品种有春泰苦瓜、春玺苦瓜、春帅苦瓜、春悦苦瓜、春华苦瓜、春丽苦瓜、湘早优 1 号苦瓜、鑫帅苦瓜等。

二、播种育苗

湖南地区露地苦瓜栽培一般 3—5 月播种。播种前一般用 50～55℃温水浸种，待冷却后继续浸种 4～6h，使其吸水膨胀，以促进发芽，浸种后置于 30℃ 的温度下催芽，种子露白即可播种。采用 32 孔标准穴盘播种，每穴 1 粒，播种深度为 1.5～2cm，播种时种子平摆，播后覆基质，浇透水等收水后随即覆盖地膜，再加盖小拱棚保温保湿，维持床温 25℃左右。幼苗开始拱土即揭开地膜，随后降温降湿，加强光照。待幼苗子叶充分展开破心时，加强肥水管理，以干湿交替为原则，促进地上部真叶生长。白天床温 15℃ 以上时揭开小拱棚，夜晚盖上保温。待幼苗真叶完全展开时准备移栽到大田。

三、整地施肥

苦瓜喜疏松、通透性能良好、土层浓厚而富含有机质的土壤，以沙壤土栽培苦瓜效果最好。湖南地区多雨，宜选择地势高、排水方便、日照好的地块种植。同时忌连作，最好实行 2～3 年的轮作，选择近年未种过葫芦科作物的地块。地块翻耕后，每亩撒施饼肥 100～150kg 或商品有机肥 500kg、硫酸钾型复合肥 50kg、钙镁磷肥 50kg。将肥料与土壤混匀，然后进行整地作畦，一般按照 1.8m 包沟作畦，畦面宽 140cm，略呈龟背形，沟宽 40cm，沟深 30cm，整地后覆盖无色透明地膜，并开好排水深沟。整地施肥工作应于移栽前 1 周完成。

四、适时定植

当幼苗长至两叶一心时即可移栽。移栽时要注意挑选壮苗，淘汰弱苗、徒长苗、无生长点苗、虫咬苗、子叶歪缺苗、散坨伤根苗。湖南地区露地栽培一般双株双行定植，穴距 100cm 左右，每亩定植 1 400 株左右，栽后及时浇上压蔸水，成活后用根线宝或 750 倍液噻唑膦 200ml 灌蔸预防根结线虫病，随即用土杂肥封严定植孔。

五、搭架引蔓、植株调整

湖南地区露地栽培苦瓜一般采用"人字架"或"平棚架"的搭架方式。当蔓长 0.6m 时绑一道蔓，以后每隔 4 ~ 5 节绑一道。每次绑蔓时要使各植株的生长点朝向同一方向。绑蔓应在下午进行。结合绑蔓进行整枝，主蔓 1m 以下侧蔓及时摘除，以确保主蔓生长粗壮。植株上棚后留 2 ~ 3 条粗壮的侧蔓均匀分布在主蔓两侧，与主蔓平行攀爬。植株生长发育的中后期，要摘除植株下部的衰老黄叶、畸形瓜，保持田间良好的通风透气条件。

六、人工授粉

苦瓜生长前期由于气温低，阴雨多，昆虫活动少，苦瓜授粉不良，影响座瓜和产量，须采用人工辅助授粉，授粉一般在早晨进行，摘取雄花，去除花瓣后将花粉涂到雌花柱头上，一般一朵雄花授粉 2 ~ 3 朵雌花。实践表明，人工授粉可大大提高苦瓜前期坐果率和产量。

七、肥水管理

苦瓜需肥量较大，因此必须及时补充肥料以满足其生长发育需要。开花坐果前追肥水 3~5 次，开始采摘后每采摘一次重追肥一次，高温干旱时，结合追肥浇水抗旱；阴雨天，及时排水，防渍水沤根。

八、病虫害防治

苦瓜的病害主要有枯萎病、疫病、霜霉病、细菌性角斑病、白粉病、根结线虫病，枯萎病用恶霉灵 600~800 倍液或甲霜恶霉灵 800~1 000 倍液灌蔸；疫病、霜霉病、细菌性角斑病、白粉病分别用可杀得、甲霜灵、农用链霉素、"靠山多霸"果菜多功能生物制剂喷雾防治；根结线虫病用根线宝在定植成活后灌蔸预防。虫害主要有蚜虫，瓜绢螟，瓜实蝇，蚜虫可用吡虫啉或大功臣喷雾防治；瓜绢螟可用阿维菌素或氯氰菊酯乳油喷雾防治；瓜实蝇用粘蝇板或在粘板上喷洒果瑞特进行诱杀防治。

九、适时采收

一般在雌花开花后 12~15 天，果实瘤状突起饱满，果皮有光泽，果顶颜色变淡时采收，采收时应用剪刀剪下，不要拉伤茎蔓。

第九节　冬瓜栽培

一、品种选择

应选择生长势强，耐热、耐涝、抗病性强的品种。早熟栽培应选择雌花着生节位低、果型小、果实发育快的品种，如北京一串铃冬瓜、兴蔬小家碧玉小冬瓜；中晚熟栽培则选大果型品种，如黑杂 1 号、黑杂 2 号、兴蔬墨地龙、兴蔬铁杆粉斯等。

二、播种育苗

冬瓜可以直播，也可以育苗移栽，生产上一般以营养钵育苗移栽，可以节省种子，便于集中管理，利于培育壮苗，提早定植。

露地冬瓜一般在 3 月上旬至 4 月上旬均可播种。宜采用大棚冷床穴盘育苗。育苗方法可参考设施冬瓜春季育苗，亩用种量 70g，苗龄 30 ~ 40 天。

三、整地施肥

冬瓜露地栽培宜选择未种过瓜类作物或已进行 3 ~ 5 年水旱轮作的地块，且地势较高、地面平整、便于排灌。定植前要提早深耕晒垡，由于冬瓜根系入土较深，翻耕土层深度一般要求 30 ~ 35cm，并要精细整地，整平耙细，防止积水引发枯萎病和烂根。冬瓜生长期长，对肥料需求量大，要多施基肥，定植前每亩可施有机肥 5 000kg，定植时每亩沟施或穴施腐熟饼肥 100kg、复合肥 50kg。作畦以南北向为宜，畦宽 160cm、畦高 30cm，沟宽 40cm，覆盖好地膜。

四、适时定植

定植时间一般在 4 月中下旬至 5 月初，最好在三叶一心时选晴天下午定植。大型冬瓜品种每亩定植 700 ~ 800 株，双行定植，株距 75 ~ 80cm，定植后宜立即浇水，使植物根系与土壤紧密相连，利于缓苗。

五、肥水管理

定植浇压蔸水后，如遇土壤过于干旱或因大风高温等引起土壤水不足，可浇 1 次复水。定植后 5 ~ 7 天，根系恢复生长，开始发新叶，此时再浇一次缓苗水，当幼苗长至 7 ~ 9 片叶时，植株生长加快，此时浇施 1 ~ 2 次催蔓水，并结合浇水每亩追施尿素或复合肥 5kg。从开始开花至坐果前，适当减少浇水，一般不浇，如果浇水则应选在早上或傍晚进行。当果实坐住且直径长至 7 ~ 14cm，果重达 0.3 ~ 0.5kg 时，及时浇一次催瓜水，以后每隔 15 天浇一次。结合浇水每亩施复合肥 15kg，追施三效灵、磷酸二氢钾一次，采瓜前一周停止浇水。

追肥应按照植株的需要，掌握前轻后重、由淡到浓的原则。在追肥时要注意"四不"：不要在大雨前追肥；不要在大雨后立即施；不要偏施氮肥，注意氮、磷、钾配合；不要将肥液淋于植株蔸部，否则植株吸收效果差，浪费肥料且引发病害。

在追肥浇水的同时，注意土壤湿度不要过大，否则易引起烂瓜和枯萎病、疫病的发生。大雨过后一定要排水，果实接近成熟时要严格控制浇水。

六、搭架、植株调整

瓜苗长至 5~6 片真叶时，将茎基部 1~2 节用泥块压埋而叶片露出土外，同时将瓜苗生长点竖起。随着瓜蔓伸长，将瓜蔓绕支架盘曲压入土中，使瓜蔓爬满地，注意绕蔓时轻拿轻放，不伤藤蔓。瓜蔓爬满后就开始引蔓上架，架式宜采用"一条龙"式，立桩距离定植孔 15~20cm，立桩选择除能支撑住棚架和整个棚架上的冬瓜果实外，还须抗狂风暴雨的袭击，每株一根立桩，每3m左右插入一根更为结实粗木条进行加固，立桩之间用竹条首尾捆绑连接成行，同时每隔一段距离可用铁丝进行横向固定，并妥善处理入土深度。引蔓上架可每第 1 次从南侧开始，在距地面约20cm 处绑蔓，第 2 次从北侧开始，在距地面约50cm 处绑蔓，第3 次则在架顶。过顶后主蔓以棚条为圆心，以 60~80cm 长度为半径绕偏心圆，旋转 2~3 圈，使叶片有序地分布在不同的空间位置上。绑蔓用湿润稻草，围住茎与桩、棚条，向一个方向旋转，直至将它们锁牢，再将旋转部分折回、扭转成一段绳鞭，这样分段固定在立桩、棚条上。注意每次不能绑过紧，以免影响养分输导。每长出 4~6 片叶绑一蔓，此时主蔓上会生成很多侧蔓，为了使养分全部供应主蔓，应将侧蔓摘除。

七、留瓜、吊瓜

大型冬瓜每株只留一个瓜，一般在第一雌花开放后，从第 2~5 个雌花间选留 2~3 个子房大、花柄粗、绒毛密、有光泽的雌花结瓜，如天气好、温度高，冬瓜可通过蜜蜂授粉，但冬瓜开花、坐果期温度较低，蜜蜂活动很少，可人工授粉，授粉在上午9时前宜，选刚开放的雄花，去掉花冠，露出花药，在雌花柱头上涂抹，注意让柱头多授粉，动作要轻盈，不可擦伤幼瓜的茸毛，否则易黄萎而落果。每朵雄花授粉3朵雌花。瓜坐稳后留瓜形正、无病虫害、位置适当的瓜，选留的幼瓜质量达0.5kg时定瓜，其余幼瓜全部摘除。大型冬瓜在主蔓上留10~15片叶时摘心，冬瓜生长到5kg左右时，用布条系住瓜柄部位然后吊在横竿上。

八、病虫害防治

露地冬瓜生长过程中主要病虫害为：枯萎病、霜霉病、疫病。按照"预防为主，综合防治"的植保方针，坚持以"农业防治、物理防治、生物防治为主，化学防治为辅"的无害化控制原则。

严格进行种子消毒；实行轮作，加强中耕除草，清洁田园，降低病虫源基数；培育无病虫害壮苗，提高抗逆性；增施优质有机肥，平衡施肥。药物防治：枯萎病。发病初期用70%甲基托布津800~1 000倍液浇灌植株，每株用药0.3kg，5~7天一次，连续防治2~3次。霜霉病发病前用代森锰锌500倍喷雾预防，发病初期用72%的克露可湿性粉剂1 000倍液、灰霉一喷净或枯菌克500~800倍液喷雾。疫病。发病前用70%代森锰锌500倍液喷雾，发病初期用75%百菌清、枯菌克500~700倍液喷雾防治，重点喷地面及根茎部，7天1次，连续喷3~5次。对于虫害可利用市售杀虫黄板诱杀白粉虱、蚜虫及蓟马等趋黄色害虫，每亩悬挂（30~40）块，涂上机油，挂在行间或株间，黄板要高出植株顶部，当黄板粘满白粉虱及蚜虫等时要及时去掉，再涂一层机油，一般7~10天重涂1次。覆盖银灰色地膜驱避蚜虫。药物防治用10%的吡虫啉可湿性粉剂1 500倍液喷雾。

九、采收

露地栽培一般要等其成熟后采收，即瓜毛稀疏、皮色变老、皮质开始变硬时，便可采收。

第十节　无籽西瓜栽培

一、品种选择

选择抗病耐湿、优质高产的优良品种。目前适合湖南省种植的无籽西瓜优良品种主要有雪峰全新花皮无籽、雪峰黑马王子、雪峰黑马太子、雪峰大玉无籽五号、雪峰蜜黄无籽、洞庭一号、洞庭三号、博达隆一号、博达隆二号（黑冠军）等。

二、土壤选择

宜选择地势高燥，排水通畅，土层深厚，肥沃疏松的壤土或砂质壤土种植。排水良好的河床冲积土是最为理想的土壤。若采用稻田，必须年前深耕开沟，冻土风化。

西瓜忌连作，是瓜类中对轮作要求甚为严格的种类。最好选择未种过瓜类作物地地块。轮作周期水稻田需 3~5 年，旱地 5~8 年。如要连作，必须采用嫁接栽培。

三、播种与育苗

（一）播种时期

露地无籽西瓜的播种时期一般因栽培目的而异。早熟栽培在 3 月上中旬采用冷床育苗；4 月中旬定植；7 月初上市；中熟栽培在 3 月下旬至 4 月上旬冷床育苗，4 月下旬至 5 月上旬定植，7 月中下旬上市；晚熟栽培可在 5 月上中旬直播，8 月中旬上市。

（二）播种量

每亩大田需备耕种子 50~75g。

1. 种子处理

播前选晴天晒种，以利种子出苗整齐，然后对种子消毒。消毒方法有热水烫种和药剂浸种，热水烫种是把种子放在恒温为

55℃的水中浸10min，同时保持种子受热均匀，然后让其慢慢冷却，浸种时间3～4h；药剂浸种一般用40%福尔马林100倍液浸种30min，也可用600倍多菌灵药液或托布津800倍液浸种1h，然后用清水洗净药液并用冷水浸泡3～4h，也可将种子浸泡3～4h，起水后用0.5%～1%硫酸铜液浸泡5min，达到消毒之目的，然后将浸种、消毒后的种子放在饱和石灰水中去滑5min，再用清水冲干净及干毛巾擦干种子表面的水液。无籽西瓜种由于种壳厚、胚仁不饱满，凭借自生力量很难冲破种壳而出苗，因此，在播种前一定要用指甲刀或嘴轻轻地把种子脐部轧开，轧开的长度约为种子的1/3的部位，另也可用老虎钳，在其后垫一块橡皮。但绝对不可伤及种壳内的胚种仁。破壳催芽是无籽西瓜栽培成功的一个关键。

2. 高温催芽

种子破壳后，用湿润煤灰拌合，用塑料袋或瓦罐装好，然后放在32～35℃的恒温条件下催芽，也可在出芽前使用37℃的高温催芽，当部分种芽已突出时即将温度降至32～35℃行变温催芽，此法更有利于芽齐、芽壮。热源可用恒温箱、电灯泡、电热毯、厩肥等提供。当芽子出齐70%以上时即可选芽播种，未出芽的继续催芽。还可采用体温催芽。

3. 苗床准备

苗床最好选择在背风向阳、水源好、无鸡鸭等畜禽出没地方。育苗有温床育苗和冷床育苗两种，温床有酿热温床和电热温床。酿热温床是选择背风向阳坡地，育苗地须挖宽1.2m、深0.7m、长若干米的床坑，床底呈龟背状，将四周锤紧，下垫新鲜猪牛粪草，垫至低于床面10cm，上铺干燥无病虫的细泥土1～2cm，再摆放育苗穴盘，盖上农膜，待温度升至28～30℃时即可播种。电热温床是利用电热线通电产热达到升温的目的，其温度可通过控温仪调节，是目前比较先进而行之有效的好办法。冷床育苗就是不加热源，直接在地面摆放育苗穴盘。育苗基质最好采用蔬菜专用育苗基质。

4. 播种

将 32 孔穴盘装好基质后整齐置于苗床上，浇足底水，然后打孔播种，把催出芽的种子选出，将芽尖向下插入孔中，每孔播一粒，盖好基质后随即覆盖地膜，再加盖小拱棚保温保湿。

（三）加强苗期管理

育苗的成败在很大程度取决于苗床的管理，这一时期的主要目标的培育壮苗。

1. 出苗前管理

这一时期的中心任务是保温防鼠，保证出苗快、齐、壮。无籽西瓜出苗的温度略高于普通有籽西瓜，在 32~35℃ 的适温条件下，3 天可出齐苗，且出苗率在 90% 以上，若温度低，出苗时间拉长，严重影响出苗率、成苗率。因此，在刚播种的前几天必须将农膜盖严实，保持苗床内有较高的温度与适宜的湿度。但在晴天的中午，当床温达 40℃ 时，应及时揭开薄膜两头通风，降温至 30℃ 时再行覆盖，以防高温烧种。对于鼠害，可采用堵洞、毒杀、驱赶、用膜隔等办法对付，千万不可大意。

2. 出苗后管理

（1）及时取帽。及时取帽是无籽西瓜栽培成功的第二个关键。无籽西瓜幼苗出土时种壳往往夹住子叶形成戴帽苗，子叶难以自动冲开种壳而正常发育生长，出苗后立即揭去覆盖穴盘的地膜，并及时进行人工去壳。去壳宜在早晨种壳湿润时小心进行并将包住子叶外的一层膜状物一齐去掉，操作千万不可损伤子叶或扭断幼茎。

（2）通风管理。幼苗出土后，床内适温白天以 25~30℃、夜是以 18℃ 为宜。在晴天气温高时可揭膜让幼苗充分接受阳光，但如果太阳太大，幼苗接受阳光能力较弱，应在拱膜上适当遮阴，逐步增强幼苗对阳光的承受能力，降低床内温度。晚上或阴雨天气都应盖上农膜并根据气温风力情况和床内温度适当地打开两头或背风端通风。当寒潮来临时，应将薄膜四周压实并加工竹片固定，防止大风揭开农膜发生冻害。若温度在 18℃ 以上，绝对不可封闭苗床，应打开背风端降低温度，防止猝倒病的发生。

（3）肥水管理。西瓜育苗前期，要严格控制浇水，以利幼苗根系发育。这是因为播种前苗床已充分浇水，播种后则以保温为主，水分蒸发量不大。若发现营养钵表土发白，下种泥土变硬，幼苗有凋萎现象，应酌情浇水。浇水尽量选在晴朗无风的上午进行，最好浇30℃左右的温水，每次浇水量充足，但不要过量，次数也不可过多，否则易引起营养土板结，影响幼苗根系深扎。避免在傍晚盖膜时或阴雨天浇水，否则，床内湿度过大易发生病害。在幼苗长出一片真叶后，根据天气和苗势，结合浇水可以追肥二次稀薄的人粪尿或0.4%复合肥水。

（4）炼苗。在移栽前一星期当幼苗长出二叶一心或三叶一心时，把膜全部掀开，让苗子接受露天气候的锻炼。但注意不可让大雨把苗子淋坏。

四、整地施肥

南方由于春夏多雨，瓜地开厢必须采用高畦，畦宽一般4m（包沟）为宜，中部稍高，呈龟背形，双行定植，对爬。开好"三沟"，围沟深50~60cm，腰沟深30~40cm，畦沟深25cm左右，中段稍浅，两头稍深，以利排水，做到沟沟相通。雨过沟干，防止渍水。对地势低、排水不良的田土，可做成比畦面高14cm的瓜堆，以利排水。

在整地作畦的同时，要施足基肥：一般在中等肥力的土壤，每亩施腐熟人畜粪1 500kg左右或土杂肥2 500~3 000kg，进口复合肥30~40kg，腐熟枯饼100kg，忌磷肥过多，造成无籽性能差，基肥用量占整个施肥量的60%~70%，以利瓜苗根系发育，打好丰产架子。贫瘠土壤或高肥力水平土壤可参照以上施肥量适量增加或减少。基肥的施用可沿定植行沟施一半，预留一半作倒蔓窝肥。基肥施好后沿栽行覆盖好地膜。

五、适时定植，合理密植

当西瓜幼苗长至二叶一心或三叶一心时即可定植。一般栽培在 4 月中下旬定植。定植密度为每亩 500~600 株，大果型品种每亩 500 株，中果型品种每亩 600 株，即每畦栽双行，株距 60~70cm，交叉定植，定植时在地膜上挖一定植孔，将营养块连同幼苗从穴盘中取去栽植在定植孔内，并用土杂肥蕹蔸，随即浇以 0.1% 的甲基托布津液作定根水，然后用泥土封严定植孔。

六、配置授粉株

无籽西瓜在雌花开放时，须以普通有籽西瓜的花粉刺激，才能肥大成果实，所以在种植无籽西瓜时，必须间种普通西瓜提供正常的花粉，这是无籽西瓜栽培成功的第三个关键。"授粉品种"一般选果型或皮色完全与无籽西瓜不同且花粉量多的优良普通西瓜品种，如红大、西农九号、蜜桂等，确保无籽西瓜的正常授粉。"授粉品种"和无籽西瓜可以分区栽植，也可混栽，两者的比例为 1:10。混栽便于昆虫授粉，分区栽便于人工取粉授粉。

七、田间管理

（一）整枝理蔓

无籽西瓜一般采用二蔓或三蔓整枝，即保留主蔓，在第 3~5 个叶芽内选留一至二个健壮的子蔓，其他子蔓和孙蔓应全部摘除。第一次整枝宜在主蔓长至 1m 时进行，不宜过早或过迟，过早，藤叶不茂盛，不利于"去弱留强"选择子蔓，过迟，藤叶"扭"在一起，整枝、理蔓时藤叶易受伤，第一果坐稳后，以"瓜控藤"，一般不须再整枝。总原则是以叶片全部覆盖土面而不过分拥挤为宜。整枝时间一般应安排在晴天露水或雨水干后进行，这样伤口容易愈合，可减少病菌从伤口浸入的机会。

西瓜倒蔓后，除整蔓外，还要进行引蔓和压蔓。引蔓是为了使蔓叶在畦面上分布均匀，不至于重叠而影响通风透光；压蔓是为了固定植株，以免大风吹动，同时压蔓处可产生不定根，增加植株对土壤水分与养分的吸收。南方多雨地区压蔓一般采用明压法，即不挖坑，直接用土坨压在蔓的茎节上，每隔 5~6 节压一处。

（二）人工授粉，适位坐瓜

无籽西瓜的第一雌花一般出现在 10～12 节，如此时坐瓜，果实不大，不利于高产，应摘除第一雌花，选留第二或第三雌花坐果为宜。如开花期遇到阴雨天气，一般难以坐果，可进行人工授粉，授粉时左手持雄花，右手把雄花花瓣反转露出药蕊，然后用右手持雄花，左手持花节叶片以稳定雌花或将雌花花瓣反转到花梗的部位，用手握住，把雄花药蕊上的花粉轻轻地均匀涂抹在雌花三瓣柱头上并使整个柱头全面均匀授到花粉，如果柱头授粉不均匀易产生畸形形果。一般一朵雄花可授 1～2 朵雌花，授粉时不可太用力，以免擦伤柱头引起落花，也不可碰伤子房引起果实发育不良。整个授粉工作宜在上午 9 时以前完成。这样授粉效果好，无籽西瓜坐果率高。若授粉时期正碰上连续阴雨天，采休不到正常授粉，可采用激素保果，一般在下午用 50 倍的高效坐瓜灵涂抹果柄。

（三）肥水管理

肥水管理的原则为"两促一控"，即前促苗，后促果，中控藤。无籽西瓜前期生长较慢，移栽后倒蔓前，酌情追施 0.3%～0.5% 复合肥水或腐熟的人粪水 2～3 次以促早生快发；当无籽西瓜倒蔓后，生长迅速加快，此时瓜苗须"控"施速效 N 肥，使植株生长健而不疯。

无籽西瓜移栽后主蔓长至 60～70cm 时，预施一次壮果肥，一般在离瓜蔸部 70～80cm 处，顺瓜行开一条小沟，然后将腐熟的枯饼 40～50kg、复合肥 20kg 或人粪尿 15 担均匀施入沟内，并全面控垄一次，将肥料与土壤充分混施。

当植株坐果率达 80% 左右且果实有鸡蛋大时施一次壮果肥，根据苗势，每亩可施尿素 10kg，或人粪尿 4～5 担，硫酸钾 7～8kg，于瓜堆 50cm 左右的基叶空隙处，并根据苗用 0.2%～0.3% 的尿素或 0.3% 的磷酸二氢钾溶液进行叶面施肥。

（四）留瓜护瓜

当果实坐果到鸡蛋大时，应予以选留果，以一株坐果 1 ~ 1.5 个为目标，留果原则是保留理想坐果节位的果，剔除畸形果、病果、果节位偏低的果，提高果实的商品性、品质及产量。

为了提高果实的品质、商品率，使果实美观端正、着色均匀，可进行翻瓜、垫瓜。当果实直径 15cm 时起，每隔 5 天翻瓜一次，共翻 3 ~ 4 次。翻瓜宜在晴天下午进行，以免把果柄翻断。在第一次翻瓜时，可在地面垫上杂草，防止地面温度过高烫坏果实。

（五）病虫害防治

1. 炭疽病、角斑病

这二种病害是西瓜危险病害，不但为害茎叶，还为害果实，全生育期都可发病。防治办法是，采取高畦栽培，基肥应充分腐熟，注意清沟排水，降低田间湿度。在发病初期可摘除病斑，减少病源，同时结合喷施可杀得 1 000 倍液或代森锰 800 倍液，每隔 7 天喷施一次，两种药物交替使用，如遇下雨，应及时补施。

2. 枯萎病、蔓枯病

这种病主要在老瓜产区发病严重，整株大片死亡。防治的最有效办法是实行轮作，嫁接换根栽培。目前国内外无有效药剂防治。

3. 虫害

黄守瓜在瓜苗 5 叶以前为害最重，躲在叶前吸收汁液，在防治上，药水要喷到叶背上，药剂有敌敌畏、敌百虫、敌杀死等。中午喷杀效果更好。地老虎主要为害幼茎，晚上为害最重，在移栽淋压蔸水时，每百斤（1 斤 = 0.5kg）水加 2 支速灭杀丁一起淋，对防治地老虎有特效。蚜虫主要在后期发生，高温干燥为害最重，受害后叶片卷缩，并出现中心病区，在防治上很易区别，主要药剂有 40% 氧化乐果 1 500 倍液，或用杀螨剂之类的农药。

八、适时采收

无籽西瓜自开花到成熟的地间因品种而异，一般早熟品种从

开花到成熟需 28～30 天；中熟品种需 30～35 天；晚熟品种需
35～40 天。无籽西瓜的采收适期要从品种特征、销售地远近和贮
藏时间长短等方面来考虑，最佳的采收时间为西瓜十成熟时，此
时皮最薄，肉质松爽，糖度最高且品质最好。一般内销无籽西瓜
以接近十成熟时采收为宜，外销无籽西瓜以八成熟至九成熟时采
摘为宜，采瓜时应注意如下几点：第一，将瓜柄留在瓜上，有利
于通过瓜柄的青枯状态来鉴别西瓜的新鲜程度，也有利于保鲜，
延长贮存时间，若采瓜时在果上带一段瓜蔓，则更能增加西瓜的
耐贮能力。第二，避免雨天采瓜。第三，进入高温季节后，应在
温度较低的清晨或傍晚采瓜。第四，采瓜和搬运中应小心，防止
破损。第五，采瓜时应尽量避免践踏茎叶，以保证下一批瓜的
生长。

第十一节　薄皮甜瓜栽培

一、品种选择

选择抗病耐湿、品种。目前适合湖南省种植的薄皮甜瓜品种
主要有日本超甜、日本甜宝、青玉二号、鼎甜雪丽、浓香 118、安
生青太郎、白沙蜜等。

二、土壤选择

宜选择地势高燥，排水通畅，土层较深厚，肥沃疏松的壤土
或砂质壤土种植。若采用稻田，必须年前深耕开沟，冻土风化。

三、播种与育苗

（一）播种时期

甜瓜为喜温耐热作物，长江流域露地栽培 3 月中旬至 6 月上
旬均可播种。

（二）播种量

育苗移栽每亩用种量 10g 左右，直播每亩用种量 20g 左右。

（三）浸种催芽

将种子用温水浸泡 2 维持床温 25℃左右。幼苗开始拱土即揭开地膜，随后降温降湿，加强光照。保持床温 15～20℃，气温 20～25℃，做到尽量降低基质湿度，基质不现白不打水，促使幼苗根系下扎，同时以防猝倒病发生。待幼苗子叶充分展开破心时，加强肥水管理，以干湿交替为原则，促进地上部真叶生长。白天床温 15℃以上时揭开小拱棚，夜晚盖上保温。待幼苗长至三叶一心时准备移栽到大棚 3h，再用 55℃的热水烫种 10min，捞起用 3～4 层湿纱布包好，放入 30℃恒温催芽，露芽即可播种。

（四）苗床准备

在大棚内设置冷床，床宽 1.2m，长若干米，将 50 孔穴盘装好基质后整齐置于苗床上，浇足底水等待播种。

（五）播种

把催出芽的种子选出，将芽尖向下插入孔中，每孔播一粒，盖好基质后随即覆盖地膜，再加盖小拱棚保温保湿。

（六）苗期管理

维持床温 25℃左右。幼苗开始拱土即揭开地膜，随后降温降湿，加强光照。保持床温 15～20℃，气温 20～25℃，做到尽量降低基质湿度，基质不现白不打水，促使幼苗根系下扎，同时以防猝倒病发生。待幼苗子叶充分展开破心时，加强肥水管理，以干湿交替为原则，促进地上部真叶生长。白天床温 15℃以上时揭开小拱棚，夜晚盖上保温。待幼苗长至三叶一心或四叶一心时准备移栽到大棚。

四、整地施肥

在定植前作好耕地施肥、作畦覆膜工作。在翻地的同时施足基肥：一般在中等肥力的土壤，每亩施腐熟人畜粪 1 500kg 左右或土杂肥 2 500 ~ 3 000kg，腐熟枯饼 100kg，进口复合肥 30 ~ 40kg，将肥料与土混合均匀，然后作畦覆膜，畦宽 1.2m，畦高 25 ~ 30cm，沟宽 40cm，畦面略呈龟背形，覆盖好地膜。

五、定植

4 月中旬以后开始定植，在畦中央单行定植，株距 50cm，亩植 800 株。定植后及时浇定根水并用土杂肥封闭定植孔。

六、田间管理

（一）摘心打顶

薄皮甜瓜以孙蔓结瓜为主，应摘心 2 次。第 1 次摘心在主蔓 5 ~ 6 叶时进行；第 2 次摘心在子蔓长出 3 ~ 4 叶时进行，将所有子蔓生长点摘除，促发孙蔓。坐果后留 2 ~ 3 叶打顶，促进果实膨大。

（二）肥水管理

甜瓜是喜肥作物，需求的养分很高，底肥除外还要追肥。磷、钾肥和必要的微量元素能提高甜瓜的品质，伸蔓至开花坐果期，瓜秧生长的速度较快，所需营养较多，此生长期间需要氮肥较多，追肥以喷施叶面肥为主，或者适量使用含氮元素的冲施肥也可。果实在膨果期间，从鸡蛋黄般大到拳头大小时，以钾肥为主。每亩地用饼肥 10kg 加 3kg 高纯度磷酸二氢钾进行穴施，结合微量元素叶肥喷施 2 次以上。

（三）病虫害防治

甜瓜也有白粉病、霜霉病、炭疽病、枯萎病发生。防治方法：不要与瓜类作物连作，实行轮作制；高垄栽培，雨季及时排水，防水渍。药剂防治：白粉病用 20% 三唑酮乳油 2 000 倍液，3 ~ 5 天喷 1 次，连续喷 2 次；霜霉病用 50% 百菌清 500 倍液；炭疽病用 50% 百菌清 500 倍液或抗霉菌素 200 倍液交替使用；枯萎病用 20% 甲基立枯灵 1 000 倍液灌根。

甜瓜的虫害有黄守瓜、瓜绢螟、蚜虫等，前两者用高效氯氰菊酯2 000倍液或溴氰菊酯2 000倍液喷雾防治，后者用吡虫啉喷雾防治。

七、采收

甜瓜的品质与果实成熟度密切相关，果实成熟度不够，则甜度低、香味不足，但是采收过晚，果肉变软，风味欠佳，也降低食用价值。适期早采收，有利于提高经济效益。一般在当地销售的甜瓜，在十分成熟时采收；外运远销的甜瓜，应于成熟前3～4天，成熟度八九成时采收，此时采收果实硬度高，耐贮运，至销售时也已达十分成熟。甜瓜的采收适期是：糖分达到最高点但果肉尚未变软时，其判断标准如下：充分表现出该品种的特征特性。一般果实成熟时，果皮颜色都程度不同的发生变化。如由原来的绿色变灰绿色或黄色；由白色变为乳白色或黄色；由浅绿色变为白色等。同时成熟的瓜表皮有光泽，花纹清晰。有的品种还能散发出香气。有棱沟的品种，成熟时棱沟明显。有网纹的品种，果面网纹突出硬化时即标志成熟。

第十二节　菜豆栽培

一、品种选择

选择抗病、优质、高产、商品性好、符合目标市场消费习惯的品种。目前本地栽培的品种主要有美国架豆、优胜者、台湾白籽架豆、泰国架豆王等。

二、播种育苗

菜豆有直播和育苗移栽两种方式，北方地区一般采用直播方式，南方早春往往是低温阴雨天气，露地直播容易烂种死苗，为了防止这种情况，常在保护地内提前育苗，然后定植到露地，能取得早熟、高产的效果，嫩荚上市时间可比直播栽培提早 7～10 天。地膜覆盖育苗移栽一般在 3 月上中旬播种；露地直播在 4 月上中旬进行；秋茬栽培在 7—8 月直播。直播采用穴播方法，每穴 3～4 粒。秋植菜豆由于播种时天气炎热，应做好防热工作，可用遮光网覆盖在畦面上，畦边亦可间种叶菜，相互遮阴，减少炎热天气对幼苗的影响。

一般选粒大饱满，无虫蛀和病斑的种子，日晒 1～2 天后，采用福尔马林浸种 20min 消毒，取出后清水冲洗播种。或用 50～55℃温水烫种 15～30min，在此过程中须不断搅拌，水温降至 30℃时停止，然后再浸泡 1h 左右。播前准备好营养土苗床或营养钵，苗床需平整，采用营养钵育苗的，营养土需按菜园土 6 份，腐熟有机肥 3 份和草木灰 1 份的比例混匀捣细。要求苗床浇足底水，按 8cm 见方播种一穴，每穴 3～4 粒，播后盖 3cm 厚营养土，适量浇水。营养钵育苗的，方法相同。每亩用种量，矮性种3.5～4.5kg，蔓性种 2.5～3.0kg。播种后在苗床上放竹竿，覆地膜，最后搭好小拱棚。苗期以保温为主，出苗后及时去掉地膜，子叶展开后适当降温，防止徒长。定植前一周进行低温炼苗。苗期一般不追肥浇水，干旱时少量浇水，浇水后在床土表面撒些干土，防水分蒸发。

三、整地施肥

菜豆对土壤的适应范围较广，但忌酸性土，土壤 pH 值以 6.2～7 为宜，应选择肥沃、排水良好、两年未种过豆科作物的壤土或沙壤土。菜豆以施基肥为主，追肥比其他蔬菜要适当减少。菜豆对磷钾肥反应敏感，增施磷钾肥能增强根瘤菌活动能力，起到以磷增氮效果。种植时要翻耕土地，施足基肥，每亩施腐熟有机肥 2 500～3 000kg、过磷酸钙 20～25kg、草木灰 50～100kg 为基肥或用微生物有机肥 150～200kg，对酸性或缺钙土壤再在畦面上施 50kg 生石灰，与表土拌匀，并整平畦面。一般按畦宽（连沟）1.7m，畦沟深春季 20～30cm，夏秋季 15～20cm，后覆地膜。

四、定植移栽

当地温稳定在 10℃ 以上时即可定植，定植宜在晴天下午进行，一般在小苗第一对真叶展开时移栽，定植前苗床先浇一次水，以免挖苗伤根。采用挖穴或打洞器打洞定植，蔓性种每畦 2 行，株距春季 30～33cm，夏秋季 25～30cm，每穴 3 株。矮性种植株小，每畦 4 行，穴距 23～26cm，每穴 2～3 株，栽后立即浇定植水。

五、田间管理

（一）肥水管理

定植初期以促进缓苗为目的，浇足定植水，在此期间不用施肥，缓苗期需要 3～5 天。缓苗后至结果初期，以促根控秧为主要目标，水以控为主，以不旱为原则。若缺水，则应轻浇，达到蹲苗促根作用，此期可不用追肥。

菜豆须根多，分布较浅，中耕不宜过深，并应结合培土。移栽成活后 4～5 天，松土平穴，使土壤保持疏松，避免因雨水冲击而露根、幼苗期在雨后再行松土 1～2 次，搭架前将腐烂垃圾等有机肥铺于畦间，而后将畦沟泥培于畦面。

开花结荚后，植株营养消耗大，要加重追肥，此时有大量根瘤形成。固氮能力加强，应少施氮肥，每亩施复合肥 30kg，过磷酸钙 10kg，氯化钾 5kg。在采收盛期再追肥 1 次，亦可叶面喷洒 2% 的过磷酸钙加 0.5% 尿素，可减少落花落荚。采收后期，如果植株不早衰，而气候条件仍适合其生育时，可适当再追肥 1～2 次，以促进翻花，延长采收期，增加产量。

（二）植株调整

蔓性种在蔓长 15cm 时及时搭篱垣架或 "人" 字架，高约 2m，搭好后及时绕蔓上架。调整好枝蔓，以互相不遮光、通风透气为原则。菜豆开花结荚盛期，下部花序已结荚，中上部花序又相继开花，需要消耗大量养分，如果植株负担得过重，容易因养分失调而引起落花落荚，因此，除在盛花初期重施肥外，还应及时摘嫩荚，以减少植株的营养负担。

（三）病虫防治

菜豆病害主要有根腐病、锈病和炭疽病，虫害主要有豆荚螟、蚜虫、螨类等，要及时防治。

根腐病应先拔出中心病株，用77%可杀得600倍液或恶霉灵5g对水15kg喷雾或灌根防治；炭疽病可用75%百菌清或70%代森锰锌500倍液喷雾防治；锈病可用70%托布津1 000倍液防治或者用20%粉锈宁可湿性粉剂2 000倍液喷雾防治。

豆荚螟主要蛀食菜豆的花蕾和豆荚，须在成虫卵孵盛期喷药，可用40%辛硫磷1 000倍液或0.5%阿维菌素2 000倍液交替防治；蚜虫防治可用10%吡虫啉可湿性粉剂2 000倍液或溴氰菊酯2 000倍液喷雾防治；螨类防治一定要抓住害虫初发期，否则，一旦扩散后就难控制，可用达螨酮、克螨特喷雾预防。

六、及时采收

菜豆必须及时采收才能保证荚果鲜嫩，品质优良，产量高。采收过早，荚果过嫩，产量降低；采收过迟，果荚老化纤维多、品质差，植株衰老快，采收期缩短，产量亦不高。矮性品种，从播种至初收嫩荚，春播50~60天。蔓性种从播种至初采嫩荚60~70天，可连续采收30~45天，春播初期气温较低，开花后14~18天才能采收，后期气温升高，荚果生长快，9~11天即可采收，盛收期每2~3天采收一次。

第十三节　豇豆栽培

一、品种选择

春季露地栽培选择第一雌花节位低，结荚率高，早期产量突出，商品性好，耐低温、弱光并且符合湖南地区种植和消费习惯的品种。目前适合湖南地区露地栽培的豇豆品种主要有长豇101、高产4号、鄂豇3号、之豇28－2等。

二、播种育苗

豇豆有直播和育苗移栽两种方式，采用育苗移栽法，不仅可早播、早收、提早供应市场，还可保证全苗壮苗，促进开花结荚，育苗移栽比直播能提高产量27.8%～34.2%。春季露地栽培育苗为3月下旬，直播为4月中下旬，秋茬栽培一般在7月下旬播种，多采用直播。育苗移栽每亩用种量1.5kg左右，直播每亩用种量2kg左右。

可采用设施大棚加小拱棚穴盘基质育苗或配制营养土营养钵育苗。基质配制方法为草炭、蛭石、珍珠岩按体积比1：1：1进行配制。基质可加入45%三元复合肥2kg/m³。营养土的配制方法：选用未种过豆类作物的土壤6份，与腐熟的有机肥4份混合均匀，配制时刻加入适量磷肥、草木灰等。选择晴好天气播种，播前一次性浇足底水，每穴（钵）播2～3粒健籽，播后覆2cm厚的基质或细土，苗床上平铺地膜，还可以再套小拱棚以增温。

播种后，一般4天可出苗，幼苗出土后及时揭掉地膜，小拱棚日揭夜盖，注意通风换气和保温工作，定植前4～5天进行炼苗，增强抗逆性。露地直播时，要先将地块浇透，有足够的底墒后再播种，忌播种后再浇"蒙头水"，易引起种子腐烂，每穴播3～4粒，盖土厚2～3cm，出苗后留2～3株。

三、整地施肥

豇豆对土壤的适应性较强，一般排水良好，土质疏松的各类土壤都能种植，不耐涝，低洼、过湿易涝地块，不宜种豇豆。豇豆根系入土很深，主根可深入地下60～90cm，支根多，要求耕层深厚。才有利于根系发育。播种前要深耕土地，并且结合施用基肥。前茬地如果为空白地块，可在头年秋季深耕，经过一冬、春晒垡，使土壤结构疏松，播种时再浅耕、整地并结合施用基肥，耙地后作畦播种。前茬若有作物，待收获完前茬作物后，立即清理茬口及枯枝烂叶，同时翻耕土地。耕探25cm以上，每亩结合施用腐熟的有机肥2 000～4 000kg，过磷酸钙15～20kg，草木灰100～150kg或用微生物有机肥150～200kg为基肥，耕后将地耙平，做好栽培畦，一般按畦宽（连沟）1.7m，畦沟深畦沟深春季20～30cm，夏秋季15～20cm，后覆地膜。

四、提早定植，合理密植

当第一对真叶展开后第一复叶展开前即可定植。定植时土壤必须干燥，土温较高，豇豆活蔸快，生长发育快，产量也可增加。宜在晴天下午进行，开穴定植，定植后浇活棵水。要求每畦两行，株距春季30～33cm，每穴2～3株，夏秋季25～30cm，每穴3～4株。

五、田间管理

（一）插架引蔓

当植株长到25cm，即将抽蔓时，要及时插架。一般用竹竿插成"人"字形，架高2.2～2.3m，每穴插一根，并向内稍倾斜，每两根相交，上部交叉处放竹竿作横梁，呈"人"字形，于晴天中午或下午引蔓上架。

（二）抹芽打顶

第一花序以下侧枝长到3cm长时，应及时摘除，以保证主蔓粗壮。主蔓第一花序以上各节位的侧枝留2～3片叶后摘心，促进侧枝上形成第一花序。当主蔓长到15～20节，达到2～2.3m高时，剪去顶部，促进下部侧枝花芽形成。

（三）肥水管理

豇豆喜肥但不耐肥，水肥管理主要是施足基肥、及时追肥、增施磷钾肥、适量施氮肥。另外要先控后促，防止徒长和早衰。豇豆在开花结荚以前，对水肥条件要求不高，管理上以控为主，基肥充足，一般不需追肥，天气干旱时，可适当浇水。若水肥过多，茎叶徒长，会造成花序节位上升、数目减少，形成中下部空蔓。当植株第 1 花序豆荚坐住，其后几节花序显现时，结合追肥浇 1 次水，每亩施氮磷钾复合肥 10~15kg。结荚后，经常保持土壤湿润，适时追肥 1 次，以保证植株健壮生长和开花结荚。进入豆荚盛收期，需水肥较多，可再进行 1 次灌水追肥，每亩施尿素 10kg、过磷酸钙 20~25kg、硫酸钾 5kg 或草木灰 40kg，灌水 20~30m^3。如果水肥供给不足，植株生长衰弱，易落花落荚。

（四）防治病虫害

1. 苗期病虫害防治

苗期病害主要是根腐病、猝倒病和沤根，防治方法为控制温度湿度和进行种子消毒，病害发生后可用 600 倍 75%百菌清可湿粉剂或 500 倍 70%代森锰锌可湿粉剂喷施；苗期虫害为小地老虎和蝼蛄，可用人工捕杀防治或用药拌糠米驱赶，也可喷施一支清等菊酯类农药。

2. 成株期病虫害防治

整个生育期特别是 6—7 月高温多雨季节，应注意防治锈病、灰霉病和枯萎病，可用粉锈宁、代森锰锌等防治；另外还应注意蚜虫、蓟马、烟青虫等危害，可用阿维菌素、吡虫啉和菊酯类药物进行合理防治。

六、及时采收

一般在开花后 10 天左右，籽粒未膨大、豆荚尚未纤维化、鲜重最大、品质最佳时开始采收，每隔 4~5 天采摘 1 次，盛荚期内隔 2~3 天采摘 1 次。采摘时留荚基部 1cm 左右，切勿碰伤小花蕾，以利后期荚果正常发育。

第十四节　扁豆栽培

一、品种选择

扁豆露地栽培首选苗期耐低温，生长速度快，结荚多而早，采收期长，抗病性强，荚肉厚嫩、质脆味美的品种。本地区的主栽品种主要有花红 1 号、特早春、上海白扁豆、红筋扁豆等。

二、播种育苗

扁豆一般在 3 中上旬播种育苗，可采用设施大棚或小拱棚穴盘基质育苗或配制营养土营养钵育苗。基质配制方法为草炭、蛭石、珍珠岩按体积比 1∶1∶1 进行配制。基质可加入 45% 三元复合肥 $2kg/m^3$。营养土的配制方法：选用未种过豆类作物的土壤 6 份，与腐熟的有机肥 4 份混合均匀，配制时刻加入适量磷肥、草木灰等。选择晴好天气播种，播前一次性浇足底水，每穴（钵）播 1 ~ 2 粒健籽，播后覆 1 ~ 2cm 厚的基质或细土，苗床上再平铺地膜，亩用种量 0.5kg 左右。

出苗期苗床土壤温度维持在白天 20 ~ 26℃，夜间 16 ~ 18℃为宜，播后 7 ~ 9 天即可出苗，苗齐（出苗 70% ~ 80%）后于晴天上午 8 时前揭去地膜进行缓苗，防止高温伤苗。温度管理防止过高过低，温度偏高，出苗快，幼苗下胚轴伸长易徒长，温度偏低出苗慢，幼苗生长弱。育苗期间要控制浇水，以免沤根，晴天要及时通风，移栽前 4 ~ 5 天蹲苗，期间要严防立枯病和猝倒病。

三、整地施肥

栽培地宜通风、透光，排水良好。栽培扁豆的土，畦幅不宜太宽，一般采取窄畦深沟，畦宽 1.4 ~ 1.7m（包沟），高 10 ~ 16cm，沟宽 40cm。定植前 30 天翻耕地、暴晒，结合整地时在定植畦内，每亩施腐熟有机肥 2 500 ~ 3 000kg。定植前 10 天，深层撒施复合肥 25kg、过磷酸钙 30kg，钾肥 10kg。然后翻入土层拌匀，整平作畦，畦面呈龟背形。

四、适时定植

扁豆植株 2 ~ 3 片真叶时即可移栽，栽大苗会明显影响产量。长江流域一般 4 月上旬进行，双行单株栽培，株距 40 ~ 50cm，密度

1 200～1 600株/亩。移栽或定植时应剔除病苗、弱苗。为保证幼苗成活,移栽后浇定根水。

五、田间管理

(一) 整枝摘心

植株开始伸蔓时搭人字架,引蔓上架,架高控制在2m左右。扁豆枝叶易徒长,主蔓长至1.5m时要及时打顶摘心,促进子蔓和花序枝萌发,第一花序以下子蔓及时抹去,中上部子蔓长至0.5m时应及时摘心,促使下部多生孙蔓侧芽,多进行花序分化;进入结荚盛期,每次花序嫩荚收获后,及时除去下部老枝老叶和荚少的侧枝,改善田间通风透光条件,促进萌发新的枝蔓、花序;生长势强、分枝较多的品种,应减去多余的花序枝并喷施多效唑,防止疯长情况出现。

(二) 肥水管理

施肥原则以基肥为主,追肥为辅。扁豆生育期长,开花结荚期也长,需肥量较大,在施足基肥的情况下,一般苗期不需要追肥,当第一花序坐荚后,开始随水浇施三元复合肥或冲施肥,视苗情10天左右追施一次,一般选择在每批豆荚采收后追施,同时在花荚期适量喷施含硼、钼等微量元素叶面肥3～4次,以起到保花、保荚、加速嫩荚快长的作用,同时还可以提高豆荚品质。扁豆生长苗期需水较少,开花结荚期需肥水较多,结合追肥浇水或灌跑马水,沟湿润后把水排出,防止沤根。

(三) 病虫害防治

扁豆病害较少,主要有苗期的猝倒病、立枯病和生育期的锈病、煤霉病。猝倒病在低温高湿条件下,于出苗初期发生,立枯病由高温高湿条件引起,多发生在育苗中后期,防治方法是降低苗床湿度,喷2～3次恶霉灵＋叶面肥,既能补充养分,又起到杀菌作用。锈病主要侵染叶片,发病前定期用80%代森锌500～800倍液喷雾,可预防该病的发生,发病后交替使用粉锈宁、甲霜铜、百菌清等药，在药剂防治的同时，还应及时摘除病叶或拔去病株；灰霉病主要为害叶片、豆荚和花等，可用速克灵、扑海因、甲基硫菌灵等药品防治。

虫害前期以蚜虫、红蜘蛛为主，采收期以豆荚螟、斑潜蝇为主，要及时防治。蚜虫可用10%吡虫啉可湿性粉剂1 000倍液或抗蚜威可湿性粉剂3 000倍液喷雾防治；红蜘蛛发生时用三氯杀螨醇、克螨特1 000倍液进行封闭，以有效控制红蜘蛛的扩散和蔓延，喷药时注意必须将药液喷施在叶背面。豆荚螟和斑潜蝇可用48%乐斯本乳油1 000倍液或40%毒死蜱1 000倍液喷雾防治。

六、及时采收

扁豆定植后约60天，一般开花后15~18天即可采收。收获期长达3~4个月之久，早扁豆在芒种后始收。一般盛收期在立秋至寒露间，立冬结束。多采食嫩荚，当豆荚肥壮，豆粒开始充实时，即须采摘。如过分成熟，则纤维增加，品质变劣，不堪食用。第一次采收后，如果花序较少，可采用100mg/L的多效唑液叶面喷施，使蔓粗壮，缩短节间，促进分枝，增加花序，增强抗性，提高产量，提早上市。全期共喷3~4次。

第十五节　蕹菜栽培

蕹菜按能否结籽分为籽蕹和藤蕹两种类型，在湖南地区两者均有栽培，口感上藤蕹优于籽蕹。籽蕹主要用种子繁殖，也可扦插繁殖；藤蕹在长江流域不能开花结籽，大多无性繁殖。

一、籽蕹的栽培

(一) 品种选择

湖南地区春季低温、阴雨寡照。应选择适应性强、早熟、耐寒、抗病虫能力强的品种。如青梗大叶蕹菜、泰国空心菜、柳叶空心菜、大鸡黄、大骨青、剑叶、丝蕹、大鸡青等。

（二）整地施肥

蕹菜分枝性强，不定根发达，生长迅速，栽培密度大，采收次数多，丰产耐肥，应选择向阳、肥沃、有水源的地块种植。栽植前20天，每亩施堆肥2 500～3 000 kg或人粪1 500～2 000 kg，草木灰50～100 kg，翻入土中作基肥，整平做畦。

（三）浸种催芽

空心菜种子的种皮厚而硬，若直接播种会因温度低而发芽慢，如遇长时间的低温阴雨天气，则会引起种子腐烂，因此宜进行催芽，可用30℃左右的温水浸种18～20 h，然后用沙布包好置于30℃的恒温箱内催芽，当种子有50%～60%露白时即可进行播种。

（四）播种

1. 播种时期

春暖开始播种，长江中下游在3月下旬到4月上旬播种，每亩用种量约为20 kg。

2. 播种方法

空心菜可撒播或条播，早春播种一般用撒播法，迟播者可条播或点播。撒播后用细土覆盖1 cm厚左右，条播可在畦面上横划一条2～3 cm深的浅沟，沟距15 cm，然后将种子均匀地撒施在沟内，再用细土覆盖。播种前一天浇足底水，播后立即覆盖地膜，出苗后揭开地膜。

（五）田间管理

蕹菜管理原则是早播，多施肥，勤采摘。经常保持土壤呈湿润状态。直播出苗，每亩施1 500～2 000 kg人粪尿，以后每隔5～7天浇1次清水，2次清水加1次粪稀水。每次采收后2～3天伤口愈合，追施1次粪稀水，促进分枝生长，提高产量，改善品质。蕹菜封垄前气温低时要进行中耕除草，封垄后及时拔除田间杂草，进入夏季，要勤浇水，浇足水，并结合追施氮、磷、钾复合肥。

（六）病虫害防治

1. 猝倒病

用多菌灵或托布津与细碎草木灰配成药土撒在发病区，防止其病害扩大蔓延，也可用 72% 的普力克 400 倍液喷雾，10 天喷 1 次，连续 2 次。

2. 白锈病

在发病时，摘除病部，喷 25% 甲霜灵可湿性粉剂 800 倍液或 25% 瑞毒霉可湿性粉剂 2 000 倍液，也可用 5% 百菌清粉剂喷粉，每亩用药量 1kg。每 10 天喷 1 次，共喷 2~3 次。

3. 轮斑病

发病初期，在天气情况有利病情发展时，喷施 50% 扑海因可湿性粉剂 1 000~1 500 倍液、70% 代森锰锌 500 倍或 50% 甲基托布津可湿性粉剂，间隔 7~10 天喷 1 次，用药 3~4 次。

4. 褐斑病

发病初期喷 50% 多菌灵可湿性粉剂 800 倍液、77% 可杀得可湿性粉剂 500 倍液。

5. 蕹菜花叶病

发病初期喷施 20% 病毒 A 可湿性粉剂 500 倍液、1.5% 植病灵乳剂 1 000 倍液或 5% 菌毒清水剂 300 倍液。

（七）采收

前期间拔上市，连根拔起，整理成捆。后期一般采取掐收的办法；当蔓长 30cm 左右时，第 1 次掐收采摘。15~20 天采收一批。第 1~2 次采收时基部留 2 个节，采收 3~4 次后，适当重采，仅留 1~2 节，促进茎基部重新萌发，茎蔓粗壮。若茎蔓过密或过弱，可疏除过密过弱枝条或全部刈割 1 次，重施肥水更新。集中采收幼苗每亩产量 1 000~1 500kg，多次采收亩产量可达 5 000kg以上。

二、藤蕹的栽培

（一）品种选择

品种有湖南藤蕹、广州细通菜、丝蕹、四川藤蕹、广西博白小叶尖等。根据湖南地区消费习惯和气候条件，宜选用湖南藤蕹。

（二）整地施肥

施足基肥，由于藤蕹生长期需肥量大，基肥要足，每亩施充分腐熟的猪牛粪 3 000 kg、三元复合肥 50 kg、充分腐熟的饼肥 20 kg，肥料均匀撒施于土表，土壤深翻备用。

（三）藤蕹留种育苗

留种藤蕹 9 月初起停止施肥，10 月初停止采摘藤蕹，11 月初搭好中棚架，盖上中棚膜，以保持地温，11 月中下旬割去留种藤蕹嫩茎和叶片，紧接着撒施一遍草木灰，次日培盖 5 cm 厚干燥的细土基质混合物（细土：基质 = 2：1），半个月后再覆盖 5 cm 厚干燥的细土基质混合物（细土：基质 = 2：1），同时盖好地膜或者无纺布，搭好小拱棚，盖上小拱棚膜。在多层保温措施下大棚就地越冬留种。翌年 2 月下旬到 3 月上旬，刨开地表覆盖物（细土基质混合物），并继续保温保湿以促进老藤发新芽。

（四）种苗繁殖

1. 方式一

3 月下旬到 4 月上旬，当藤蕹幼芽长到 7 ~ 10 cm 时，用 200 孔的漂浮盘进行扦插繁殖。

2. 方式二

苗床侧枝长到 20 ~ 25 cm 时，将侧枝分向两侧用泥土进行压蔓，促枝节处向下扎根，向上萌发第二次侧芽，同时进行追肥，用稀薄人粪尿、猪粪水以及沼液并配以少量的尿素进行洒施。

（五）定植

5 月上旬气温已稳定回升，藤蕹的漂浮苗长成 10 ~ 12 cm 时，即可整株定植到大田，株行距 30 cm × 30 cm 为宜。亩栽 3 000 株左右。

(六) 田间管理

1. 苗期管理

种藤萌芽后，棚内应保持较高的温度，白天 25～30℃，夜间 15～20℃；温度越高生长越快，10℃ 以下生长停滞，高于 35℃ 则不利于生长，且温度过高湿度过大还易引起病害。晴朗的白天适当通风，放风时视棚内的温度可采取单边放风或两边同时开棚放风，对于中棚可两头放风，小拱棚可两头放风或掀膜放风；下午棚内温度下降时注意及时盖膜闭棚保温。当昼夜气温恒定在 15℃ 以上后，可撤掉小拱棚，防止病害的发生。棚内要经常保持湿润状态和充足的养分。春季气温较低，秧苗生长缓慢，水分蒸腾弱，此时应注意控水，以保持土壤湿润为度，以利增加土温，促进根系生长。秧苗每次采收后，应追肥一次，但此时蔓叶尚幼嫩，施肥浓度应低，并在施肥后立即用水冲洗叶片。

2. 生长期管理

藤蕹能耐 35～40℃ 高温；15℃ 以下蔓叶生长缓慢；10℃ 以下蔓叶生长停止。随着夏季气温升高，藤蕹进入旺盛生长期后，蒸腾作用强，水分消耗大，应增加水分的供应，经常保持土壤湿润，采取的措施：一是结合追肥浇水；二是高温干旱时傍晚沟灌。随着气温升高，生长量增大，施肥量应逐渐增加。藤蕹喜光照，光照充足是藤蕹生长的基本条件，但适当的密植有利于藤蕹的生长。

3. 肥水调控

藤蕹是耐肥力强的蔬菜，分枝力强，生长迅速，不定根发生多，栽培密度大，采收次数多，要丰产必须满足生长所需要的养分和水分。藤蕹施肥应以氮肥为主，采收一次，应及时施入腐熟粪肥水一次。藤蕹生长迅速，采收后不及时追肥，会导致藤蕹产品纤维素增高，口感变差，严重影响藤蕹的产量和品质。每次采收后，可在傍晚每亩用 15kg 腐熟的饼肥拌 6kg 三元复合肥，掺细沙均匀撒在厢面，再在厢面淋浇稀薄的人粪尿或猪粪水或沼液。然后用清水淋洒叶蔓，以免烧叶。藤蕹喜较高的空气湿度及湿润的土壤，环境过干，藤蔓纤维增多，粗老不堪食用，大大降低产量及品质。阴天每2天浇一次水，遇晴天干旱可大水漫灌。保证藤蕹的充足供水。

（七）病虫害防治

藤蕹的病害较少，但仍须注意防治。主要病害有苗期猝倒病和茎腐病，是由于气温过高或过低，相对湿度过大所引起，通过温湿调控可减轻病害的发生。主要害虫有小菜蛾、菜粉蝶、甜菜夜蛾、斜纹夜蛾、红蜘蛛、蚜虫等。具体防治方法请参考子蕹栽培。

（八）及时采收

藤蕹是一次栽植多次采收，采收期为4—10月，春季当藤蔓长到30cm时，开始采摘，第1次采摘茎部留2个茎节，第2次采摘将茎部留下的第2节采下，第3次采摘将茎基部留下的第1节采下，以促进茎基部重新萌芽。这样，以后采摘的茎蔓可保持粗壮。采摘时，用手掐摘较合适，若用刀具等铁器易使刀口处出现锈斑坏死，影响藤蕹的生长。

第十六节　芹菜栽培

一、秋芹菜栽培

湖南地区秋芹菜播种可以从6月下旬到10月上旬，相应的收获期可以从9月一直延续到翌年3月。

（一）茬次与品种选择

1. 早秋茬

6月下旬至7月下旬播种，播种时应采取遮阴降温措施。选择早熟耐热的优良品种，如青梗芹菜、津南实芹、玻璃脆芹、正大黄心芹、意大利西芹等。

2. 秋冬茬

9月上旬至10月上旬播种。选择耐寒、优质、高产和抽薹晚的品种，如铁秆大芹菜、春丰、天津白庙芹菜、佛罗里达683、意大利冬芹等。

（二）种子处理与播种

1. 种子处理

将种子在清水中浸泡24～28h，然后用清水冲洗并反复用手揉搓种子，捞出后用湿布包好进行催芽，催芽温度控制在15～20℃，可放在家用电冰箱的底层，也可埋入阴凉的树荫下，有井的地方最好用绳子将种子吊挂在井内距水面60～100cm处。催芽期间，每天将种子取出用凉水冲洗一遍。经5～7天，80%以上的种子露白时即可播种。

2. 苗床准备

前茬作物收获后及时清除杂草，翻耕晒地，每亩施优质土杂肥5 000kg,然后整地作畦，畦宽1.2～1.5m，做到土面平整，土粒细碎。

3. 播种

播种前浇足底水，在畦面撒一薄层过筛细土，每亩苗床均匀撒播种子1～1.5kg，播后稍盖一薄层细土。苗床与栽植田面积比1∶4。

（三）育苗床的管理

1. 遮阴

采用遮阳网覆盖，出苗前浮面覆盖，出苗后搭凉棚遮阴，勤浇水，遮阳网揭盖的原则是盖晴天不盖阴天，盖白天不盖晚上，盖大雨不盖小雨，至定植前一周，撤除遮阳网。

2. 间苗

2～3片真叶时间苗，苗距3cm左右。

3. 水肥管理

水的管理原则是小水勤浇，宜选"天凉、地凉、水凉"时浇水。追肥只能追少量速效化肥，第一次是壮苗肥，在定苗后施入，每亩施硫酸铵15kg，第二次是起苗肥，移栽前5～7天施入，施硫酸铵 10kg。

（四）整地施肥

前作收获后，应及时深翻，利用强烈阳光烤晒过白，结合整地施入基肥与石灰，一般每亩施腐熟人畜粪 3 000kg，饼肥 100kg，复合肥 50kg，石灰 250kg。将肥料与土壤混匀后整地作畦，畦宽1.1m，畦高 20~25cm，沟宽 40cm。

（五）合理密植

当芹菜幼苗有 5 片真叶时定植，苗龄一般以 40~50 天为宜。定植宜浅，深度为 1~1.5cm，以不埋住新叶为宜。定植行距为10cm×12cm，梅花式定植，每丛 2~4 株。每亩栽 25 000~30 000蔸。边起苗边栽植，边栽植边浇水。

（六）定植后的管理

定植后及时浇透压蔸水，定植后的次日"复水"。至幼株长至10~13cm 高前，每隔 2~3 天追施一次轻粪水。为防止土壤板结，可浅中耕 2 次。等长度达到 15~18cm 时，每隔 3~5 天追施一次轻粪水和 0.5% 的尿素，并浅中耕 2 次。经常保持土壤湿润，施肥应掌握土干淡浇，土湿浓浇。在芹菜采收前 2~3 周，可用0.001%~0.002% 的赤霉素喷洒 1~2 次，并配合肥水管理，最好是配合叶面追肥进行，这样可使芹菜高度增加，叶柄变粗，叶片数增加，产量提高 30% 左右。

（七）病虫害防治

1. 病害

苗期主要有猝倒病，发现病株，应及时清除，并撒施药土。可用 50% 多菌灵拌干细土 25kg 撒施，或用 50% 多菌灵 1 000 倍液或 75% 百菌清可湿性粉 800 倍液、40% 甲基托布津 600~800 倍液喷雾，隔 5~7 天喷 1 次，连续 2~3 次。

2. 虫害

芹菜虫害主要有斜纹夜蛾和蚜虫。斜纹夜蛾可用 40% 速灭杀丁 6 000~7 000 倍液或 25% 来幼脲 3 号 500 倍液或功夫或灭杀毙喷雾防治。蚜虫可用大功臣喷雾防治。

（八）采收

芹菜定植后 40～50 天即可上市。早秋芹菜可于 9 月中下旬至 10 月中下旬采收，秋冬芹菜在 12 月中下旬至元月中下旬采收。一般株高 45cm，单株重 0.5～1kg，每亩产量可达 3 000～4 000kg。

二、春芹菜栽培

芹菜春播以 3 月为播种适期，过早易抽薹，迟则影响产量和品质。

（一）品种选择

春播芹菜的苗期冷凉，温度低，正处在有利于花芽分化的环境。以后遇长日照条件容易发生先期抽薹，所以在品种上宜选择抽薹较晚的北京棒儿春芹菜、天津白庙芹菜、山东恒台芹菜等。

（二）育苗播种

1. 育苗移栽

为使春芹菜提早供应，增加产量，提高品质，可采用大棚育苗，播种期一般在 2 月中旬至 3 月中旬，4 月上旬至 4 月下旬定植，5 月中旬至 6 月中旬收获。

2. 露地直播

3 月为播种适期，过早易抽薹，迟则影响产量和品质。每亩播种量 0.75～1kg。直播春芹菜因播种早，气温低，大多会发生先期抽薹，因此生长期短（70～90 天），在管理上要特别注意抓住肥、水管理，促进营养生长，使花薹抽生延迟，在花茎较幼嫩时采收。

（三）育苗床的管理

水的管理原则是小水勤浇，追肥只能追少量速效化肥，第一次是壮苗肥，在定苗后施入，每亩施硫酸铵 15kg，第二次是起苗肥，移栽前 5～7 天施入施硫酸铵 10kg。注意播种覆土宜稍薄，约 0.5cm，要注意保湿，浇足底水，播后盖层地膜，保持床温在 20～25℃，以利出土，苗出齐及时降温，保持冷凉湿润，温度

18~20℃，苗龄50~60天。

（四）整地施肥

前作收获后，应及时深翻，利用强烈阳光烤晒过白，结合整地施入基肥与石灰，一般每亩施腐熟人畜粪3 000kg，饼肥100kg，复合肥50kg，施石灰250kg。整成深沟高畦，畦宽1.1m。

（五）合理密植

当芹菜幼苗有5片真叶时定植，苗龄一般以50~60天为宜。定植宜浅，深度为1~1.5cm，以不埋住新叶为宜。定植行距为10cm×12cm，梅花式定植，每丛2~4株。每亩栽25 000~30 000蔸。边起苗边栽植，边栽植边浇水。

（六）定植后的管理

定植后及时浇透压蔸水，定植后的次日"复水"。至幼株长至10~13cm高前，每隔2~3天追施一次轻粪水。由于春芹菜生长期较短，生长量小，易发生未熟抽薹，所以适当密植靠群体增产，定植前施足腐熟有机肥，定植初期要保持一定的温度，加强中耕，增地温促发根，缓苗快，待缓苗后开始生长，要加强水肥管理，促进营养生长，延迟抽生花薹。

（七）病虫害防治

参照秋芹菜栽培。

（八）采收

春芹菜定植后60天即可上市。可于5月中旬至6月中旬收获一般株高45cm，单株重0.3~0.5kg，每亩产量可达2 500~3 000kg。

第十七节　冬寒菜栽培

冬寒菜适宜春播和秋播种植，夏季播种易"化苗"，故夏季露地不宜栽培。为保证周年供应，可夏季高温季节保护地播种，但需采取降温措施。

一、选用良种

冬寒菜依梗的颜色分为紫梗冬寒菜和白梗冬寒菜。紫梗冬寒菜主要有湖南的糯米冬寒菜、重庆的大棋盘、福州的紫梗冬寒菜等品种。白梗冬寒菜主要有浙江丽水冬寒菜、重庆的小棋盘等品种。根据湖南地区的消费习惯，露地冬寒菜栽培宜选用带紫梗、紫斑叶的糯米冬寒菜。

二、整地施肥

基肥用人畜粪、饼肥和适量的复合肥沤制而成。一般每亩用猪粪1 500kg或饼肥200kg或商品有机肥400kg、硫酸钾型复合肥50kg。将肥料与土杂肥混合经堆制发酵后，撒施于土中，然后精细整地作畦。畦面宽1.2米，沟宽50cm，深25cm，冬寒菜耐肥力强，需肥量也较大，播种后还可淋浇人畜粪作为盖籽肥。

三、播种

长江流域露地冬寒菜除夏季高温季节以及冬季最寒冷季节外均可播种。根据栽培习惯主要分春秋两季，春播于2月下旬至3月上旬土壤解冻之后进行，错过节气迟播者，温度太高，光照强，生长速度快，冬寒菜粗纤维增多，影响品质；秋播于8月中旬为宜，过早播种，高温影响种子发芽，病虫害严重，过迟播种则生长期短，产量较低。春播8～10天出苗，秋播5～7天出苗。冬寒菜一般直播、亩用种量1～1.5kg，播种方法可撒播或穴播，撒播需种量大，穴播需种量小。穴播株行距25cm左右。播前浇足底水，待水渗下后，将种子均匀撒播于畦面，随后覆盖约0.8cm厚的细土并覆盖遮阳网保湿。

四、田间管理

（一）中耕除草间苗

冬寒菜生长期间要及时中耕、除草，防止杂草同冬寒菜竞争空间、养分及水分，撒播的在真叶 4 ~ 5 片时间苗 2 次，苗距 16cm 左右，穴播的间苗以 2 ~ 3 棵苗为 1 丛。

（二）追肥浇水

对于多次采收嫩梢的，在生长旺季时，要随着不断地采收，进行追肥，以补充因采收而带走的大量养分。一般以人畜粪水和尿素为主，每采收 1 次，即追肥浇水 1 次。

（三）病虫害防治

冬寒菜虫害有地老虎、斜纹夜蛾、菜青虫和蚜虫等，可采用毒饵诱杀或敌百虫、敌杀死、阿维虫青和吡虫啉喷雾防治。病害主要有炭疽病、根腐病等，炭疽病可用 50% 复方甲基硫菌灵可湿性粉剂 1 000 倍液或 75% 百菌清可湿性粉剂 1 000 倍液加 70% 甲基硫菌灵可湿性粉剂 1 000 倍液或 2% 农抗 120 水剂 200 倍液喷雾防治，根腐病可用 50% 多菌灵可湿性粉剂 500 倍液或 40% 多硫悬浮剂 400 倍液喷雾防治。

五、采收

冬寒菜的产量由采收次数及每次采收的嫩梢重量构成。紫梗冬寒菜较晚熟，抽薹晚，所以紫梗冬寒菜的采收次数及产量在冬前的比重较小，而春季比重较大，在 2—4 月时采收次数多，产量高，且叶梢肥嫩，产品质量好，甚至可以收割至 5 月，仍有相当产量。对于采收幼苗的，当播种后 50 天左右，可结合间苗，间拔采收；对食用嫩梢的，当株高 18cm 时，即可割收上段叶梢。春季留近地面的 1 ~ 2 节收割，若留的节数过多，侧枝发生过多，养分分散，嫩叶梢不肥厚，品质较差。其他季节留 4 ~ 5 节收割。冬寒菜生长速度非常快，在其生长旺季，每 5 ~ 7 天就可采收 1 次。冬寒菜一般秋播亩产 2 000kg，春播者仅 1 000 ~ 1 500kg。

第十八节　莴笋栽培

莴笋喜冷凉，不耐热，喜光，不耐旱，属于半耐寒性蔬菜。

莴笋在湖南平原及丘陵地区除夏季外，其他季节均可栽培。以秋莴笋和越冬春莴笋生产为主，秋莴笋8月上旬至9月上旬播种育苗，10—11月采收。越冬春莴笋10—11月露地播种育苗，翌年3月中旬至5月下旬采收。

一、品种选择

莴笋类型及品种根据叶片形状可分为尖叶和圆叶两个类型，各类型中依茎的色泽又有白笋（外皮绿白）、青笋（外皮浅绿）和紫皮笋（紫绿色）之分。尖叶莴笋苗期较耐热，可作秋季栽培，主要品种有柳叶莴笋、北京紫叶莴笋、陕西尖叶白笋、成都尖叶子、重庆万年桩、上海尖叶、南京白皮香早种等。圆叶莴笋耐寒性较强，不耐热，多作越冬春莴笋栽培。主要品种有成都挂丝红、二白皮、二青皮，济南白莴笋，陕西圆叶白笋，上海小圆叶、大圆叶，南京紫皮香，湖北孝感莴笋，湖南锣锤莴笋等。

二、播种育苗

莴笋一般先育苗后移栽定植，要培育壮苗，首先应选用品质优良的种子。良种出芽一致，幼苗生活力强，成苗率高，能获高产，且可节约种子用量。高温季节播种播前种子用20℃温水浸种3~4h，然后在15~20℃条件下催芽，待胚根露白即可播种。其他季节播种一般行干籽直播。应选择土壤疏松肥沃、排灌方便的沙质土作苗床，播种量一般为1.3g/m²，宜稀不宜密，一亩大田约需15m²苗床、20g左右种子。播种方法一般采用撒播法，在平整的床土上，于播种前先浇透水，待水渗下后，将种子或芽种混入种子体积4~5倍的潮湿细砂中，均匀撒入畦面，播后覆0.5~1cm厚细土，覆土后平铺遮阳网，有利于降温保湿。在白天温度20~25℃，夜晚15℃左右，3~4天可出苗，及时揭去遮阳网。出苗后要及时匀苗除草，匀掉弱苗病苗，防止徒长。加强肥水管理，真叶4~5片叶时即可移栽。

三、整地施肥

选择土层疏松、有机质丰富、地势平坦、灌排条件良好、光照充足、病虫害较少的地块。精细整地，清除作物残枝叶，减少病虫害的发病源。耕地前亩施商品有机肥500kg或菜籽饼肥200kg，硫酸钾型复合肥50kg作底肥，用旋耕机旋耕土壤2遍，将肥料与土壤混匀。然后整地做畦，畦宽1.2m，畦高0.2m，沟宽0.4m，并覆盖银黑双色地膜。

四、合理密植

在畦面上按横行定植，行株距35cm×25cm，定植5 500～6 000株/亩。选择阴天或傍晚移栽，带土移栽，不伤根，不宜栽得太深，移栽后及时浇足定根水，次日浇复水，以利成活。

五、田间管理

（一）肥水管理

莴笋根系浅，应加强肥水管理，保持土壤湿润，促进茎叶生长，防止因缺水、缺肥引起的先期抽薹。为了提高产量还可喷施植宝素、植物动力2003等，追施氮钾肥促进茎叶生长。

（二）病虫害防治

莴笋一般只发生霜霉病害。在发病后应及时喷1～2次40%乙膦铝可湿性粉剂200倍液或25%瑞毒霉可湿性粉剂500倍液、25%甲霜锰锌可湿性粉剂500倍液。可与叶面追肥结合进行。

六、采收

莴笋的采收标准是植株顶端与最高叶片的叶尖相平（心叶与外叶平）时为最适采收期。此时嫩茎已经充分膨大发育，品质也最好，应及时收获，收获过早，肉质嫩茎未充分发育膨大，影响产量；收获过迟，茎部的营养消耗于抽薹生长，茎部皮层增厚，内腔空心，肉质茎老化，品质下降。收获方法是用刀贴地面切下，削平基部，削净根部，植株下部一半的叶片全部去掉，只留上部一半的嫩叶，捆扎好即可上市。

第十九节 生菜栽培

生菜又名叶用莴苣、包生菜、千金菜等，应可以生食而得名。是菊科莴苣属中能形成叶球或嫩叶供食的一年生草本植物。生菜的叶片和叶球，品质脆嫩味甜，风味佳，营养丰富。

一、品种选择

生菜类型及品种主要分球形的团叶包心生菜和叶片皱褶的奶油生菜（花叶生菜）。生菜露地栽培一般为两季，即春季露地栽培和秋季露地栽培。春季露地栽培宜选用早熟、耐热、晚抽薹的品种，如结球生菜选用皇帝、皇后、奥林匹亚、凯撒、大将等品种，不结球生菜选用意大利全年耐抽薹生菜、东方凯旋生菜等品种，于2—3月在大棚内播种育苗，苗龄25～30天，4—5月上市；秋季露地栽培宜选用品质好的晚熟品种，如意大利全年耐抽薹生菜、大湖659、卡罗娜、"红帆"紫叶生菜等品种，于8—9月露地育苗苗龄25～30天，10—12月上市。

二、培育壮苗

（一）苗床准备

当旬平均气温高于10℃时，可在露地育苗，低于10℃时，需要在大棚中育苗。夏季育苗要采取遮阴、降温、防雨涝等措施。每平方米苗床施入腐熟的农家肥10～20kg，磷肥0.025kg，苗床土于肥料比为3∶1，将土肥混匀敲碎，整成宽1.1m的平畦，要求土面平整、土粒细碎。每平方米苗床用25%的甲霜灵9g加70%的代森锰锌1g再加细干土4～5kg混匀，取1/3药土撒入苗床，另2/3药土播种作盖籽土用。

（二）种子处理

1. 种子消毒

可用50%福美双可湿性粉剂或75%百菌清可湿性粉剂按种子重量的0.4%拌种或用25%瑞毒霉可湿性粉剂按种子质量的0.3%拌种，防霜霉、防软腐等病害。

2. 浸种催芽

除高温季节外，播种前，一般不需要处理，而在7—8月，由于温度太高，种子发芽困难，为了促进发芽，应进行催芽处理。其方法是：先用井水浸泡4h左右，搓洗捞取后用湿纱布包好，注意通气，置于15~18℃中催芽，或吊于水窖中催芽，或者放于冰箱中温度控制在5~10℃，24h后再将种子置于阴凉处保温催芽。当80%种子露白时应及时播种。

（三）适时播种

播种可根据茬口安排，适时播种，每亩大田需种量20g左右，每亩苗床用种量500~600g，每平方米播种量1.1~1.3g，播前将苗床浇足底水，使土壤湿润，待水下渗后，将种子或芽种混入种子体积4~5倍的潮湿细砂中，均匀撒入畦面，播后覆盖配好的药土厚0.30~0.50cm，然后平铺遮阳网，有利于降温保湿。在白天温度20~25℃，夜晚15℃左右，每天淋水2~3次，保持土壤湿润，3~4天可齐苗，及时揭去遮阳网。出苗后要及时匀苗除草，匀掉弱苗病苗，防止徒长。加强肥水管理，真叶4~5片叶时即可移栽。

（四）苗期管理

春季保护地育苗应选择采光好、便于通风换气的大棚作育苗床，适当控制浇水，湿度不可过大；夏季育苗，除遮阴降温外，要多喷水以利降温，可1天浇3次水，遮阳网可在小苗吐心时掀掉，并浇1次小水，浇水后苗床上再盖一薄层细土，也叫接土，因播种时覆土较薄，浇水后易冲出秧苗须根。生菜育苗期的温度为15~18℃。两片真叶时要间苗，间苗的同时拔净苗畦内的杂草、间苗后应浇 1 次水，苗龄 40～50 天，3～4 片真叶时定植于大田。

三、整地施肥

定植田块要求土壤疏松，整地前施足底肥，亩可用腐熟农家肥 2 000～3 000kg 或商品生物菌肥 500kg，复合肥 30kg，过磷酸钙 25～30kg，结合翻地作畦施入土中，按 1.6m 包沟作畦，畦面宽 1.2m，畦高 20cm，沟宽 40cm，并覆盖银黑双色地膜。

四、合理密植

生菜苗 4～6 片真叶期即可移栽，苗龄控制在 25～30 天；按株行距 30cm×25cm 定植，亩植 6 000 株左右。选择阴天或傍晚移栽，带土移栽，不伤根，不宜栽得太深，定植深度以埋住根为宜，不可埋住心叶，移栽后及时浇足定根水，次日浇复水，以利成活。

五、田间管理

(一) 肥水的管理

定植后随即浇定植水，定植后 5～7 天追第一次肥，亩施尿素 10kg，随即浇第二水；定植后 15～20 天，为促进发棵及莲座叶的形成，追第二次肥，氮磷钾复合肥亩施 15～20kg，随即浇第三水；定植 30 天后，为促进结球紧密，叶球大，进行第三次追肥，仍用复合肥亩施 10～15kg，随即浇第四水。散叶生菜若有机肥充足，又有速效性化肥作底肥，因其生长期短可以不追肥。

(二) 病虫害防治

参照莴笋栽培。

六、采收

生菜从定植到收获，散叶不结球生菜一般需要 40～50 天，结球生菜一般需要 50～60 天，过早采收产量低，过晚采收会抽薹失去商品价值，散叶生菜的采收期比较灵活，采收规格无严格要求，可根据市场需求进行采收。

第二十节　芫荽栽培

芫荽主要以幼苗供作蔬菜食用。能耐零下 1～2℃ 的低温，适宜生长温度为 17～20℃，超过 20℃ 生长缓慢，30℃ 则停止生长。芫荽对土壤要求不严，但土壤结构好、保肥保水性能强、有机质含量高的土壤有利于芫荽生长。

一、品种选择

芫荽有大叶品种和小叶品种。大叶品种植株高，叶片大，缺刻少而浅，香味淡，产量较高；小叶品种植株较矮，叶片小，缺刻深，香味浓，耐寒，适应性强，但产量稍低，生产上一般多选用泰国四季香大叶香菜和泰国超级抗热香菜品种。

二、栽培季节

芫荽一年四季均可种植。春、秋、冬季皆可露地栽培。夏季栽培较困难，要注意遮阳降温。春播在"惊蛰"到"春分"之间，秋播一般在 8 月下旬至 11 月播种。以秋播的生长期长，产量高。夏季可采用间套作形式栽培，如在丝瓜棚下阴凉通风处采用深沟高畦栽培。

三、整地施肥

选择有机质丰富、土层深厚肥沃、保水、保肥力强、透气性好、排灌方便的微酸性或中性壤土（pH 值 6.5～7.0）。每亩施用商品有机肥 500kg 或饼肥 150kg，复合肥 50kg，结合翻地作畦施入土中，按 1.6m 包沟作畦，畦面宽 1.2m，畦高 20cm，沟宽 40cm，做到畦平土细。

四、播种

（一）浸种催芽

芫荽种子实为果实，半球形、外包着一层果皮。为了早出苗、出齐苗，播种前应先处理种子。首先要碾破果实，再浸种催芽。可用凉水浸泡种子数小时后，将种子装入小布袋内，每天把布袋在水中浸润一次，以补足水分。经 7～10 天，种子露出白根，才可播种。也可用 1% 高锰酸钾溶液或 50% 多菌灵可湿性粉剂 300 倍液浸种 30min，用清水洗净，再浸种 12h 左右，置于 20～25℃ 阴凉处催芽，待有 50% 种子露白时播种。秋香菜搓开果实后也可干籽播种。

（二）播种方法

通常采用撒播的方式，每亩用种量 1.5～2.0kg。将种子掺沙或草木灰拌匀，均匀撒播在浇足底水的田畦内，盖细土约 1cm 厚，再盖上遮阳网，以减少土壤水分蒸发和降低土壤温度，有利于幼苗生长。次日早晚各浇水一次，随后几日内注意保持土壤湿润，直到出苗。一般播种后 7 天左右出苗。

五、大田管理

出苗后要维持土壤湿润，追肥要及时，苗高 2cm 时即可随水施速效性氮肥，苗高 3～4cm 时除草及间苗，保持株行距 5～8cm。植株满地后，加大灌水量，同时追肥 1～2 次。肥水管理的原则是：不旱不浇，前期少浇，后期多浇；香菜属于叶菜类蔬菜，它的收获器官又以茎叶为主，所以在香菜的生长期间，氮肥必不可少。前期每亩用腐熟稀人粪尿 1 000kg 或尿素 4kg 淋施 1～2 次，后期每隔 5～7 天用复合肥 5～10kg 对水淋施。夏季气温高需要遮阴，并防暴雨冲刷，雨后及时排水，保证出苗整齐。

六、病虫害防治

芫荽因本身具有特殊气味，病虫害相对较少。芫荽主要病害有菌核病、叶枯病和斑枯病、根腐病。芫荽病害的防治是防和治并重，生态防治和药物防治并举。菌核病防治主要是实行轮作，或进行土壤消毒，另外可采用无病种子或药剂拌种，对于发生病害的地块可用 1 000 倍"菌核净"喷雾，10 天后再喷 1 次；叶枯病和斑枯病的防治以种子消毒为主，方法是用"克菌丹"或"多菌灵"500倍液浸种10~15min，冲洗干净后播种。对于发生叶枯病和斑枯病的芫荽可用多菌灵600~800倍液、代森锰锌600倍液、70%甲基托布津800~1 000倍液、百菌清500倍液喷雾，两种以上混合使用效果更佳。

根腐病防治以土壤处理为主，可用多菌灵1kg拌土50kg，播前撒于播种沟内，在易发病地块可结合浇水灌入重茬剂300倍液，发生根腐病的地块可用"普力克"500倍液或"多菌灵"600倍液灌根。

芫荽主要虫害有蚜虫、白粉虱、美洲斑潜蝇等。在芫荽虫害防治中应主要采用物理、生物防治为主，化学防治为辅的防治策略。物理防治是在植株上部吊挂黄板诱杀蚜虫、白粉虱、美洲斑潜蝇等刺吸式口器害虫。药物防治可采用20%吡虫啉可湿性粉剂20g加水50kg进行叶面喷施，或可用50%抗蚜威可湿性粉剂2 000~2 500倍液防治。美洲斑潜蝇可用1%阿维菌素1 500倍液喷雾。

七、采收

一般在播种后25~30天，苗高6~10cm时开始陆续采收上市。采大留小，采密留稀，每采收一次追薄肥一次。

第二十一节　大蒜栽培

一、精选蒜种

大蒜的产量高低与蒜种关系甚为密切，因此播种前必须选好蒜种。蒜头是食用大蒜的鳞茎部分，故要选用蒜瓣大的品种。一般选用蒜头硬实，蒜瓣整齐，顶牙肥胖，无伤口、无病斑的蒜头。而栽培青蒜是食用它的叶片，用蒜瓣小的品种不影响质量，并且可以节省用种量。此外，栽青蒜用早熟品种为宜；栽蒜头，早晚熟品种均可。湖南地区多选用紫皮大蒜品种，如成都紫皮大蒜和茶陵紫皮大蒜。

二、整地施基肥

大蒜适于富含有机质，疏松肥沃的砂质壤土栽培。播种前土地要深耕，进行整地作畦，基肥在耕翻前施入，由于大蒜根系浅，吸肥力弱，对基肥质量要求较高，要选择全效优质的有机肥料，大蒜忌用生粪。播前亩施腐熟有机肥料 4 000 ~ 5 000 kg 或饼肥300kg，复合肥50kg，结合翻地作畦施入土中，在湖南地区要高畦栽培，畦宽 1.5 ~ 1.8m，畦高 20 ~ 25cm，沟宽 40cm。

三、播种

（一）播种时期

我国南方地区行秋播。由于栽培目的不同，播种时间也有差异。作为蒜头栽培的，播种较迟，多在 9 月中下旬，到翌年 6 月上中旬采收蒜头。而作青蒜栽培的，播种较早，露地栽培通常在7—8月开始播种，当年 10—11月开始采收"青蒜"（即蒜叶）。

（二）播种密度

合理密植是增产的基础。每亩播种量 100 ~ 125kg，播种密度行距 15 ~ 20cm，株距 10 ~ 13cm，亩播 3 万瓣左右。大瓣蒜播种宜稀，小瓣蒜播种宜密。以收获青蒜为目的的，播种更密，行株距为 12cm×7cm，每亩用种量达 200 ~ 300kg。

（三）播种方法

生产上为了打破休眠，促进发芽，可在播种前剥去蒜皮或在播种前把蒜瓣在水中浸泡 1 ~ 2 天，以利于水分的吸收及气体的交换。此外，把蒜瓣放在 0 ~ 4℃ 的低温下处理 1 个月，可大大提早发芽。大蒜适宜浅栽，一般栽植深度 3 ~ 4cm。先在做好的畦内按行距开深 3cm 的浅沟，按株距将蒜瓣种在沟内，播种时，将大蒜瓣的弓背朝向畦向，然后在其上均匀撒 1 层 1.5 ~ 2.0cm

的细土。因为大蒜叶片开展方向与蒜瓣腹背连线相垂直，因此，播种时蒜瓣腹背连线要呈南北向，这样长成的植株叶片在行间东西方向充分伸展，植株上、中、下层光照分布合理，可以提高光合作用，增产明显。播种后在畦面上覆盖稻草或遮阳网降温保湿。

四、田间管理

（一）发芽期管理

此期一般要求土壤湿润，以促生根发芽。播后遇干旱天气土壤水分不足影响蒜瓣生根发芽，要及时灌水或浇水湿润土壤。土层湿润情况下 10～20 天即可出苗。

（二）幼苗期管理

苗期历时 25～30 天，此时期需要适当降低土壤温度，促进根系向纵深发展，防止幼苗徒长。前期以中耕保墒、延迟退母为主。后期增加肥水，促进幼苗生长，当幼苗 2～3 片叶时进行第一次中耕除草，应深中耕，4～5 天后再浅中耕一次。在青蒜生长期间，从 8—9 月到 11 月至翌年 2 月，要追肥 2～3 次，促进地上部的生长。此期可叶面喷施 1%～2% 的磷酸二氢钾。

（三）鳞芽和花芽分化期管理

此时期为 10 天左右，是大蒜生育的关键时期，生长速度加快，吸肥量加大。要保持土壤湿润，如地上部出现干尖，应及时浇水。

（四）蒜薹伸长期管理

此时期是大蒜生长量最大的时期，也是需要肥水最多的时期。应勤浇水，5～6 天浇一次水，每浇 2 次水追 1 次肥，每亩追施尿素 10kg，并保持土壤湿润；采薹前 3～5 天停止浇水，以免蒜薹太脆。蒜薹露尾时，结合浇水施肥，可叶面喷施 1%～2% 磷酸二氢钾，并及时拔除杂草。

（五）蒜头膨大期管理

此时期是决定蒜头产量和商品性的关键时期，管理目标是防止早衰，尽量延长后期功能叶和根系的寿命，促进蒜头膨大。采薹后浇催头水，以后每5~6天浇1次水，补充土壤水分，每亩追施磷酸二铵20kg，根外喷施2%的磷酸二氢钾50~60kg，隔7天再喷一次。收获前10天停止浇水，禁止收获前浇水并使用尿素，以提高大蒜的商品性及贮藏时间。

五、病虫害防治

大蒜发生的病虫害较轻，一般不需防治。通常发生的病虫害有叶枯病、蚜虫和蒜蛆等。叶枯病发生初期每亩用75%百菌清可湿性粉剂100g，对水喷雾1次即可。蚜虫始发期每亩用5%氯氰菊酯乳油25ml，对水喷雾防治。蒜蛆用糖醋盆诱杀法或用90%敌百虫晶体，或80%敌百虫可溶性粉剂80~100g/m² 灌根防治。

六、采收

大蒜的鳞茎、蒜叶及蒜薹都可以作为食用。由于采收利用的部位不同，采收的时期与方法及产量也不同。

（一）青蒜采收

湖南地区于7—8月播种后，从当年10月至翌年春季均可采收。采收方法，绝大多数是一次连根拔起。也可在冬前植株3cm左右，在假茎基部，离地面3~5cm收割1次。收割后，加强肥水管理，可以再生新叶于翌年2—3月再采收1次。

（二）蒜薹采收

当田间大部分蒜薹抽出约25cm，总苞变白，蒜薹刚开始打弯时，应及时采收。采收过早产量低，采收过晚品质差。一般在5月上旬采收，生长整齐的田块1~2次可采完。采薹前10天停止浇水，使蒜薹与叶鞘适当松离，便于采抽蒜薹。采收应在晴天上午10时以后，茎叶略微萎蔫时进行，因为这时蒜薹韧性较强，采抽蒜薹不易折断的时期。具体方法：用双手提薹，手抓住蒜薹在顶叶的出口处，用力均匀向上拔，即可顺利抽出。对难提的蒜薹，抓薹的位置略微下移，带1片叶，或用手在蒜薹基部捏一下，即可抽出。采后用软质绳捆系，每捆0.5~1.0kg，捆系后摆放在阴凉处，防暴晒。

（三）蒜头采收

采收蒜薹后20~30天即可开始采收蒜头。采收季节也是雨水较多的季节，如过迟不收，蒜头容易腐烂，采收后易散开，不耐贮藏。收获前1天可轻浇1次水，使土壤湿润，便于起蒜。采收蒜头时要避免蒜瓣受到机械损伤。采收后，放在田里晾晒几天，后一排的蒜叶搭在前一排的蒜头上，只晒蒜叶，不晒蒜头。晾晒过程中要经常翻动，尽快晒干。一般田间晒2~3天即可。然后捆编成束，在阴凉地方堆藏或挂藏。

第二十二节　韭菜栽培

一、青韭栽培

（一）品种选择

选择优质、丰产、生长迅速、抗病、抗逆性好、分蘖力强、商品性好的品种。按照叶的宽窄，可分为宽叶种和窄叶种。主要品种有汉中冬韭、791韭菜、平韭2号、马鞭韭、大麦韭、寒青韭、细叶韭等。

（二）播种育苗

由于分株繁殖的植株生长势不及用种子繁殖的植株，故生产上大多用种子繁殖。分别在春季或秋季进行播种育苗，当年秋季或翌年春季定植。要选择色泽鲜亮、籽粒饱满的新种子。多采用干籽撒播。亩用种量4~5kg。播种要均匀，覆1~1.5cm厚的土，播种后要及时进行浇水，育苗最好采用地膜覆盖的模式以促进保墒，有利于种子的发芽出苗，幼苗出齐后要及时揭膜通风，以防出现烧苗。

韭菜苗期的管理重点是浇水、除草。种子破土时轻浇一遍水，等到地表露白后再浇一次水，以后浇水间隔期逐渐延长并适当加大浇水量。当幼苗高约15cm时结合浇水亩追施尿素5～10kg。同时要注意及时拔除苗床间的杂草。

（三）整地施肥

韭菜1次栽植后，多年不再翻耕，而且在冬季要作软化栽培。因此，在施足基肥的基础上，进行1次深耕，并以行距宽而丛距密的方式进行作畦整地。亩施腐熟有机肥料3 000～4 000kg或饼肥200kg，复合肥50kg，结合翻地作畦施入土中，在湖南地区要高畦栽培，畦宽1.2m，畦高20～25cm，沟宽40cm。

（四）合理密植

当幼苗生长到20cm高时，在立秋处暑间，可以定植。如果是秋季播种的，则要以幼苗越冬，到翌年清明前后定植。不管怎样，都不要在炎热的夏天定植。在畦内按行距35cm、穴距10cm，每穴栽苗8～10株，深度以不埋住分蘖节为准。定植时，对于幼苗要进行整理及选择。剪去过长的须根，有时还要剪去一部分叶子的先端，以减少蒸发，利于缓苗。定植后浇好定根水以促进缓苗。

（五）田间管理

秋季定植后，叶的生长迅速，分蘖力也较强，此时应该加强肥水管理，满足生长及分蘖的要求，在严寒以前，施1次重肥，以促进生长，使更多的营养物质运转到地下的根状茎中积累起来，满足明年春天发芽和生长的需要，一般不收割青韭。至2～3年以后，每年进行多次收割，每收割1次，每次追尿素10kg/亩，以促进叶的生长与分蘖。而且在每次收割以后，要培育一段时间，使其恢复生长，然后再收割，才能保持旺盛的生长，防止早衰。具体收割相隔时间的长短，视生长状态及温度高低而定。进入收割年龄以后，必须注意培养地下根茎的生长，积累较多的养分。而且经过多年的生长、分蘖、跳根以后，植株互相拥挤，分蘖细小，产量下降，此时要及时清除老根、老叶，进行培土、施肥，促使恢复生长。培土是韭菜管理中的一项重要工作，而培土又与跳根有关。收割的次数越多，跳根的距离越大。因而韭菜生长的年数越多，新根大部分都分布在土壤的表层，要每年进行培土。

夏季高温不适于韭菜叶的生长，这个时期，不要收割，以保护植株过夏。这样，等到立秋以后，又可以恢复生长。湖南地区，韭菜的地上部虽可露地越冬，但对于耐寒力弱的品种，可适当加盖稻草。

（六）病虫害防治

危害韭菜的害虫以韭蛆、潜叶蝇、蓟马为主；病害以灰霉病、疫病、霜霉病等为主。

韭蛆的防治可采用物理和药剂防治两种：物理防治采用糖、醋、酒、水和99%敌百虫晶体按3∶3∶1∶10∶0.6比例配成的糖醋液诱杀成虫的方式；药剂防治采用每亩撒施2.5%敌百虫粉剂2~2.6kg，或用75%辛硫磷乳油500倍液，扒开根际表土，对根喷灌，随时覆土，以上午8~9时喷施效果最好。药剂喷施的重点是韭菜根部，去掉喷雾器喷头，对准韭菜根部灌药，然后浇水。

灰霉病用6.5%多菌·霉威粉尘剂，每亩用药1kg，7天喷一次或65%硫菌·霉威可湿性粉剂1 000倍液或50%异菌脲可湿性粉剂1 000~1 500倍液喷雾，7天1次，连喷2次。

疫病发病初期用60%甲霜铜可湿性粉剂600倍液或72%霜霉威水剂800倍液或60%烯酰吗啉可湿性粉剂2 000倍液或72%霜脲·锰锌可湿性粉剂或60%琥·乙膦铝可湿性粉剂600倍液灌根或喷雾，10天喷（灌）1次，交叉使用2~3次。或用5%百菌清粉尘剂，每亩用药1kg，7天喷1次。

（七）适时采收

韭菜定植后的当年不进行收割，栽培目标是养根壮苗。除了炎热的夏季外，几乎周年都可以采收青韭。从春到夏，收割青韭2~4次。一般晴天清晨收割，收割时刀口距地面2~4cm，以割口呈黄色为宜，割口应整齐一致，收割时要留3~5cm的叶鞘基部。

每次收割后当新叶长到 4~6cm 时，应及时灌水、施肥，每亩施腐熟有机肥 400kg，并冲施复合肥 15kg/亩。7—8 月，气温高，生长慢，一般不收青韭，只收韭菜薹。入秋以后，可收青韭 1~2 次或不收，以养根为主。

二、韭黄栽培

韭菜经软化栽培，可培育出柔软鲜嫩的韭黄，既可满足淡季蔬菜市场的需求，又能增加经济效益，是深受欢迎的特种蔬菜。

利用韭菜老根，在春夏秋季进行软化栽培，因气温较高，露地就能正常生长。进行遮光、保湿，采取培土、草棚覆盖、黑色薄膜覆盖等遮光措施，即可获得鲜嫩的韭黄。当平均气温下降到 10℃ 以下时，植株营养液流向茎部，植株开始发黄，此时应及时清除田间的残枝烂叶，当土壤干燥时适当灌水，待分蘖后及时覆盖。为防止覆盖物被雨水淋湿，可采用细竹竿搭草棚，上覆盖一层旧薄膜，既防雨又增温。

（一）瓦筒软化法

用一种特别的圆筒形瓦筒，罩在韭菜上，利用瓦筒遮光。瓦筒高 20~25cm，上端有一瓦盖或小孔（孔上盖瓦片，这样即不见光又通风），夏季经过 7~8 天后，可以收割；冬季经过 10~12 天后也可收割。一年可以收割 4~5 次。

（二）草片覆盖软化法

通过培土软化获得韭白后割去青韭，然后搭架 40~50cm 用草片进行覆盖。最适宜的时间，是在生长最旺盛的春季 3—4 月及秋季 10—11 月。夏季盖棚容易造成温度高，湿度大，若通风不良，容易引起烂叶。

（三）黑色塑料拱棚式覆盖软化法

该法特别适合于低温期的软化，而在气温高时则易导致棚内温度过高，但可通过加盖遮阳网来降低棚内温度。

第二十三节　藠头栽培

一、土壤选择

选择土层深厚、土质疏松、有机质含量高，肥力中等偏上，土壤 pH 值在 6.0～7.2 的砂质壤土种植藠头。

二、品种选择

选用优质丰产、适应性广、抗逆性强、高品性好且适合市场需求的品种。目前湖南省藠头主栽品种为湘阴"白鸡腿"和江西"生米藠头"。"白鸡腿"为湘阴地方优良品种，中等抗病，分蘖力强，每个藠头可分蔸 10～15 个，鳞茎白而柔嫩，柄长，形似鸡腿，一般亩产 1 500～2 500kg；"生米藠头"为江西省新建县生米镇地方优良品种，鳞茎膨大成纺锤形，色白，层多，耐腌制，肉脆爽口，个大匀称，一般亩产量 2 000kg 左右。

三、整地施基肥

早耕多翻，打碎耙平，结合整地，施足基肥。基肥以农家肥为主，每亩撒土杂肥 1 000～1 200kg，撒施碳酸氢铵 30～35kg，沟施复合肥、磷肥各 40～50kg。整地作畦，开好排水沟。畦宽 1.8m，畦高 0.25m 畦沟宽 0.4m。

四、播种

种藠要选用无病虫、无伤口、无烂根的鳞茎，拆蔸去掉枯叶和修剪适量残根以备种用。无论是本地留种还是外地引种，均采用 70% 甲基硫菌灵可湿性粉剂或 50% 多菌灵可湿性粉剂 1 000 倍液进行种子消毒，待种子晾干后再播。亩用种量大个型种 230kg、中个型种 200kg、小个型种 180kg。8 月底至 11 月上旬均可播种，但以 9 月播种为宜。播种时选择雨后转晴天气，趁湿开沟条播播种，大个型种苗行距 25 ~ 28cm，株距 12 ~ 13cm；中、小个型种苗行距 20 ~ 25cm，株距 10 ~ 12cm，播后立即盖土。或晴转阴天后抢在雨前播种，水利资源较好的地块，也可在晴天播种，播种盖土后，进行雾滴状喷水湿土或沟灌湿土。

五、田间管理

(一) 查苗补苋

薤头主蘖出土后，应进行一次查苗补苋。

(二) 中耕除草

薤头出土齐苗后要进行中耕除草，松土宜浅，促进分蘖，结合中耕拔除杂草。

(三) 抗旱防冻

冬旱时间长，应注意抗旱，高岸田和低坡地采用沟灌湿土法抗旱，其他旱地可采用行间铺放稻草，一方面可通过洒水先湿草、后湿土的办法抗旱，避免浇水板结土壤；另一方面也是冬季防冻的重要措施，在冬至前及时追施热性肥料，可达到防冻促长的目的。

(四) 追肥促长

根据土壤肥力和生长状况确定追肥时间，冬至前 10 天左右及时追施腊肥，每亩采用腐熟的人畜粪 1 000kg 对水浇施。3 月上旬，薤头进入旺盛生长期和鳞茎形成期，需肥量较大，每亩施腐熟的人畜粪 1 000 ~ 1 200kg 或撒施尿素 5 ~ 8kg、草木灰 30kg。

(五) 及时培土

培土是薤头优质高产高效的关健技术措施之一。一般在 5 月中旬开始，连培 2 ~ 3 次。

六、病虫害防治

(一) 综合防治措施

选用抗（耐）病品种，选用无病虫健壮薤种，播种前晒种，合理布局，实行轮作倒茬，中耕除草，清洁田园，土壤翻晒和撒石灰清毒，减少病虫源，健全排灌体系，春夏季及时清沟沥水，合理施肥。在种藠区推广应用频振式杀虫灯杀虫技术。保护和利用蜘蛛等天敌防治害虫；采用浏阳霉素、农用链霉素等生物农药防治病虫害。

（二）药剂防治

藠头的主要病害有霜霉病、炭疽病、软腐病；虫害有葱蝇、蓟马。3月中旬开始发生，4月进入发生高峰，一般掌握在霜霉病发病蔸率 5% ~ 10%，葱蝇进入幼虫盛发期，亩用 53% 金雷多米尔锰锌 50 ~ 80g 加 2.5% 功夫乳油 30ml 对水 50kg 进行叶面喷雾。炭疽病可用 25% 咪鲜胺乳油或 80% 炭疽福美可湿性粉剂 800 倍液防治。蓟马可用 10% 吡虫啉可湿性粉剂 1 000 ~ 2 000 倍液或 2.5% 多杀霉素悬浮剂 1 000 ~ 1 500 倍液防治。4—5 月气温偏高的年份，藠头连作地软腐病发生较重，在发病始期，用农用链霉素 3 000 倍液进行叶面喷雾。

七、采收与留种

（一）采收

鲜食藠头一般在 3 月底至 4 月底随未完全长成的鳞茎一起采收上市；加工藠头采收期为 6 月上中旬，采收时，藠头从地里掘出后，先拆蔸刈割枯叶和修剪适量残根，然后按收购质量标准为无须不伤肉，柄长 2 ~ 3cm，无青头烂个，无机械损伤的全白单心藠头进行整理，整理后及时交售订单收购单位。

（二）留种

种藠采收一般在 6 月底至 7 月，由于盛夏来临，气温较高，或种藠地需改种其他作物，需采用室内贮种，收挖期为 6 月下旬，选择大小适中、无病虫、无伤口、无烂根的鳞茎，先晒 1 ~ 2 天后，再摊放在通风阴凉场所贮存。还可采用存园贮种的办法，即在进入盛夏后，留种地适当保留一定密度的杂草既有利于藠地保湿，也可避免日照直射薹地，灼伤薹种。8月底至9月上旬播种时，先拔除种薹地杂草，再采用盘蔸抖泥法收挖薹种。

第二十四节　小白菜栽培

小白菜，又名青菜、油菜、鸡毛菜。品种多，生长期短、消费量大，种植面积较大，可以周年播种，适时采收，多次种植，在克服春淡、秋淡和实现蔬菜周年均衡供应方面起着至关重要的作用。

一、品种选择

小白菜品种繁多，一般可分为秋冬小白菜、春小白菜、夏小白菜三季，可以周年播种。春小白菜以幼苗（俗称"鸡毛菜"）或嫩株上市，要避免低温的影响，需选取冬性强，耐寒，抽薹迟，丰产的品种，3月下旬之前播种，宜选用如"四月慢""五月慢"等优良春小白菜品种；3月下旬以后播种，多选用早熟和中熟的秋冬小白菜品种。夏小白菜6—9月播种，因高温、病虫害多发等原因，宜选择抗病、耐热、性状优良的小白菜品种，如"热抗白""矮抗青""矮杂一号""华冠"等青梗菜、长梗白"抗热青""抗热605""华王""夏冠王"等。秋冬季温差较大、雨水多，宜选用"上海青""华玉""京冠1号""新西兰2号""黑油筒"等耐雨性强、束腰性好的易栽种品种。

二、整地做畦

小白菜不宜连作，选用前茬种植葱蒜类、茄果类、瓜类、豆类及玉米等作物的田块，尽量选用地势高燥，通风阴凉，排灌方便，地下水位较低，土壤团粒结构良好，富含有机质和保水保肥性能强的壤土栽培。土壤一年要进行1~2次深耕，一般深耕20~25cm，并充分晒土或冻土。如由于条件限制不能冻土、晒土，也要早耕晒垡7~10天。播种前7~10天需清除杂草及前茬作物根茬，亩施腐熟粪肥 1 500～2 500kg、磷酸二铵 8kg 和硫酸钾 10kg；或每亩施 1 000kg 腐熟粪肥和 20kg 三元复合肥作基肥，有机肥和化肥拌匀撒施后，翻入土中。精细整地做畦，畦宽 1.6m（连沟）、高 20～25cm，沟宽 40cm。要求畦面平整，略呈弧形。做好"三沟"（畦沟、腰沟、田边沟）配套，有利于排水。

三、直播或育苗移栽

小白菜生长迅速，可直播也可育苗移栽。春小白菜、夏小白菜作菜秧上市，一般采用撒播方式直播，播种后 20 天左右即可上市。直播需匀播与适当稀播，为使种子播均匀，撒播前可将种子与干细泥、细砂或细木屑拌匀，每亩播种量为 400～600g，播后需保持土面湿润。

秋冬小白菜以培育大菜上市，采取穴盘点播育苗的方式，播种量为 150～200g/亩，基质可选用商品育苗基质或比例为 7∶3（V∶V）的无病虫源的田土与腐熟厩肥的基质，然后每方加入 1kg 过磷酸钙、0.25kg 硫酸钾、0.25kg 尿素及 50% 多菌灵可湿性粉剂 0.25kg。

定植时间和定植密度应根据不同季节、不同食用要求而定。苗龄一般为 20 天左右，株高 13～15cm，有 4～5 片真叶。定植时植株行距以 20～25cm 见方为宜，采收成株的行株距（20～25）cm×（20～25）cm，半成株（15～20）cm×（13～15）cm，春季栽培行株距为 15cm 见方。

夏季宜选阴天或晴天傍晚移栽，秋冬季宜选在晴天中午移栽，早春宜选在寒潮刚过的冷尾暖头中午移栽。移栽时苗根多带土。大田移栽时夏季宜浅栽，晚秋及冬季要深栽。栽后及时浇透水，夏秋两季气温高，早晚各浇水 1 次，冬季气温低，每天浇水 1 次，一般 3 天即可成活。

四、田间管理

（一）苗期管理

直播栽培的出苗后应间苗 1～2 次，以利通风，培育壮苗；在间苗的同时，拔除杂草。当幼苗开始"拉十字"时进行第 1 次间苗，间去过密的小苗；第 4 片真叶展开时进行第 2 次间苗，间去弱苗、病苗。如秧苗健壮，距离可稀些，瘦弱则密些。夏季栽培时在出苗前需每天早晚浇 1 次水，刚出芽时，如天气高温干旱，还需在午前、午后浇接头水，保持地表不干，以防烘芽死苗。

（二）肥水管理

小白菜根系分布浅，不耐旱，整个生育期要求有充足的水分。播种后及时浇水，保持土壤湿润，以利齐苗、壮苗。定苗、定植或补栽后及时浇水，以促进缓苗。夏季需水量大，应经常浇水，浇水时间应选在早晚进行。在台风暴雨和梅雨季节，要注意及时清沟排水，切忌畦面积水，以防病害发生。

追肥以速效肥为主，施肥可与浇水结合进行，采收前 7 天停止追肥。根据地力状况和小白菜不同生育时期，分期适量施用。追肥可撒施或配制成水肥淋施，定苗或定植后，每隔 7～8 天追肥 1 次，每亩用复合肥 10～15kg，浓度由淡到浓，逐步提高，合理喷施叶面肥，快速补充营养。

五、病虫害防治

小白菜的主要病害有霜霉病、白斑病、黑斑病、软腐病等，主要虫害有蚜虫黄曲条跳甲、菜青虫、小菜蛾等。防治策略是以农业综合防治为主、药物防治为辅。霜霉病发病初期用 72% 杜邦克露 800 倍液喷雾防治；黑斑病可用 10% 苯醚甲环唑水分散性粒剂 1 000～1 500 倍喷雾防治；发现软腐病株及时清除。

利用黄板诱杀蚜虫或银灰色地膜避蚜，采用性诱剂减少害虫交配繁殖；采用黑光灯或频振式杀虫灯诱杀害虫。同时可用 40% 乐果乳剂 1 000 液防治蚜虫；菜青虫、小夜蛾可用 Bt 乳剂加 25% 杀虫双 500 倍液喷雾防治。

六、及时采收

小白菜采收无严格标准，可根据农药安全间隔期、生长状态及市场行情适时采收。从 2～3 片真叶的幼苗至成株均可陆续采收，一般夏小白菜播种后 20～25 天采收。秋冬小白菜定植后 30～80 天采收，春小白菜宜在抽薹前采收。应根据市场需求分期分批收获，小白菜大棵菜的采收标准是外叶叶色开始变淡，基部叶发黄，叶簇由生长转向闭合生长。心叶伸长到与外叶齐平，俗称"平心"时即可采收。采收时间以早晨和傍晚为宜，最好在早晨，菜体温度较低，呼吸量较小，可延长贮存运输时间。采收时，切除根部，不携带泥土，去除老叶、黄叶，剔除幼小和感病的植株，收获后无损搬运，整齐堆放，分级装箱、上市。采收后应及时清洁田园，清理病残叶和杂草，作无害化处理。

第二十五节　白菜薹栽培

一、品种选择

白菜薹品种按照熟性大致可以分为 4 类，即极早熟、早熟、中熟、晚熟品种。极早熟品种播种至开始采收在 35～40 天以内，如五彩黄薹一号、白杂二号等。早熟品种播种后 40～50 天开始采收，如五彩黄薹四号、五彩黄薹 11 号、湘株三号等。中熟品种播种后 60～70 天开始采收，如五彩黄薹二号、白杂一号、白杂三号等。晚熟品种播种后 80 天及以上开始采收，如株洲白菜薹等。

二、播种育苗

白菜薹栽培应严格掌握播种期，播期过早，软腐病、病毒病发生严重，易"翻蔸"。播期过迟，虽然可减轻病害，但由于后期温度降低快，植株生长慢，会因莲座叶未充分发棵而影响产量。长江流域白菜薹在 8—10 月均可播种，早熟品种 7 月下旬至 8 月下旬播种；中熟品种 8 月中下旬至 9 月中下旬播种；晚熟品种 10 月下旬播种。

栽培方式一般采用育苗移栽，亩播种量为 12～30g。有条件最好采取穴盘育苗，确保移苗定植根系不受损伤，缓苗快，成活率高。育苗基质采用猪粪渣或鸡粪等农家肥与菜园土按5：3的比例配制，另掺0.5%的过磷酸钙允分混合，这样营养土肥沃，土壤结构好，也可直接购买专用育苗基质。

夏秋季育苗为防高气及暴雨为害，需在荫棚下育苗，荫棚设置可以就地取材，搭成高1m左右的拱棚或方棚，上盖遮阳网，出现阵雨时临时加盖塑料小拱棚，遮阳网一般晴天10时左右盖上，16时左右揭开，阴天不盖，出齐后逐渐揭去。

壮苗标准：上下胚轴粗短无弯曲；幼苗具有5~7片正常叶，叶片较厚，叶色绿；苗心正常，无病虫害危害；幼苗根系发达，无根部病害。

三、整地施肥

选肥沃、湿润、排灌水方便的田块栽植，切忌选十字花科蔬菜连作地，且最好田块附近无夏大白菜、夏红白菜薹等十字花科蔬菜栽培，因为十字花科田块的虫和病菌会很容易转移过来，引发病虫害。结合耕地施足基肥，基肥应以有机肥为主，亩施商品有机肥600kg、复合肥50kg。均匀撒施，然后翻土拌匀做畦。采用深沟高畦的栽培方式，畦面140cm，畦高25cm，沟宽40cm。

四、及时定植

定植苗龄一般控制在20~25天为宜，晚熟品种可以在30天左右定植，但超过30天幼苗质量下降对植株的生长发育不利，即所谓"不栽满月苗"。早熟品种，苗龄18~22天；中熟品种，苗龄22~25天；晚熟品种，苗龄25~30天。早熟品种幼苗长大后如不及时定植，易在苗床中发生先期抽薹现象；晚熟品种冬性强，播种季节晚，因此，苗龄相对长一些，但如果苗床贫瘠、高温干旱，也易发生部分抽薹。选阴天或晴天傍晚定植，定植时尽量不损伤幼苗，栽后马上浇定根水。不宜在雨天定植，雨天土壤积水缺少氧气，幼苗难以发生新根，成活率低。

定植密度极早熟、早熟品种可按行距 30cm，株距 20cm 进行定植，每亩 9 000 株左右。中熟品种可按行距 30cm，株距 25cm 进行定植，每亩 7 000 株左右。晚熟品种可按行距 40cm，株距 30cm 左右进行定植，每亩 5 000 株左右。

五、田间管理

白菜薹根系较浅，对水分要求较严，缺水影响生长，浇水过多土壤太湿，易引起病害特别是软腐病的发生。灌水采用沟灌方式较好，灌水应在 17 时后进行，水面不要超过畦面，待土壤潮湿后，就马上排掉积水。一般每隔 8～10 天浇一次水。

自定植到第一次采收，宜适当控制肥水，保持苗势，以外叶不发黄为准。追肥一般 10 天一次，以氮肥为主，每亩追施硫铵或尿素 10kg，以后在菜薹采收期再施 1～2 次 5～10kg 复合肥，最好不要浇粪稀水等有机肥，以免引起病害。追肥可结合灌水、中耕除草进行，追肥要施于根际，不可撒在叶片处。

六、病虫害防治

白菜薹的主要病害有软腐病、霜霉病、根肿病等；苗期主要虫害有小猿叶虫和菜青虫等危害，叶片生长期有菜青虫、小菜蛾、甜菜夜蛾及蚜虫等危害。

防治软腐病应加强田间栽培管理，及时清除病叶残枝，在病株穴内撒消石灰杀灭病菌，以防蔓延。同时结合药剂防治，发病初期可用 72% 农用链霉素 3 000～4 000 倍液、50% 代森铵 1 000 倍液、新植霉素 3 000～4 000 倍液、25% 噻枯唑可湿性粉剂 800 倍液，每隔 7 天喷 1 次，连续 3～4 次，重点喷洒病株基部和近地表部，还可视具体情况做灌根处理。

霜霉病的防治用 50% 福美双可湿性粉剂或者 75% 百菌清可湿性粉剂拌种对种子进行消毒，用药量为种子重的 0.3% 左右。药剂防治可用 64% 杀毒矾 500 倍或 50% 瑞毒霉锰锌 500～600 倍液、25% 甲霜灵 500 倍或 50% 敌菌灵可湿性粉剂 500 倍液喷雾。

根肿病应注意轮作，及时拔除病株施用石灰，同时结合药剂防治，如恶霉灵水剂 500 倍液、53% 金甲霜灵锰锌可湿性粉剂 500 倍液或 70% 甲基托布津可湿性粉剂 600 倍液浇根，每隔 7 天喷 1 次，连续 3~4 次，收获前 10 天停止用药。

防治菜蚜用植物杀虫剂 1% 苦参素 1 000 倍液或 27% 灭蚜灵 1 000 倍或灭虫霸 500 倍液；小猿叶虫可喷洒 50% 辛硫磷乳油 1 000 倍液或者 5% 锐劲特悬浮剂 2 000 倍液、20% 菊马乳油 3 000 倍液等药剂，也可以用 90% 敌百虫 600 倍液进行灌根防治幼虫。小菜蛾可用 5% 锐劲特悬浮剂 1 500 倍液、10% 溴虫腈悬浮剂 1 000 倍液喷雾。

七、及时采收

白菜薹的采收以晴天下午为好，因为采收后的伤口容易愈合且下午菜薹的叶柄、叶片均较柔软。定植后 25~30 天可采收主薹，宜早，保发侧薹。始收后一般每隔 2~3 天应采收 1 次，进入盛产期可以每天采收，采收期可以延续至翌年 3 月。采收菜薹最好使用专用的采薹刀切断菜薹，原则上采主薹宜低，但不要带大叶，采侧薹时基部留 3~5 叶，采孙薹时基部留 1~2 叶，第一批菜薹采收后，留下的伤口容易发生软腐病，应注意药剂防治。白菜薹采收完后可进行扎把，扎把时要整齐，开花多的打掉一些花，叶大的可摘除，重视采收粗加工，增加菜薹商品性。

第二十六节　红菜薹栽培

一、品种选择

红菜薹栽培品种按熟性大致可分为 4 类，即极早熟、早熟、中熟、晚熟品种。极早熟品种播种至开始采收在 50 天以内，如红杂 40 号、湘红 9 月、五彩红薹一号等。早熟品种播种后 50~60 天开始采收，如五彩紫薹 2 号、五彩红薹二号、红杂 60、华红 1 号，早红 1 号等。中熟品种播种后 70~80 天开始采收, 如五彩红薹 12 号、红杂 70 号、阉鸡尾、武昌胭脂红等。晚熟品种播种后 90~100 天开始采收, 如兴蔬红马、湘红 2 000、迟不醒、长沙迟红菜等。

二、播种育苗

红菜薹栽培应严格掌握播种期, 播期过早, 软腐病, 病毒病发生严重, 易"翻蔸"; 播期过迟, 虽然可减轻病害, 但由于后期温度降低快, 植株生长慢, 会因莲座叶未充分发棵而影响产量。长江中下游地区红菜薹在 8 月至 10 月均可播种, 早熟品种 7 月下旬至 8 月下旬播种; 中熟品种 8 月中下旬至 9 月中下旬播种; 晚熟品种 10 月下旬播种。

一般采用育苗移栽, 每亩用种量为 10~15g。有条件最好采取穴盘育苗, 确保移苗定植根系不受损伤, 很快成活。育苗基质采用猪粪渣或鸡粪等农家肥与菜园土按 5∶3 的比例配制, 另掺 0.5% 的过磷酸钙充分混合, 这样营养土肥沃, 土壤结构好, 也可直接购买专用育苗基质。

夏秋季育苗为防高气及暴雨为害, 需在荫棚下育苗, 荫棚设置可以就地取材, 搭成高 1m 左右的拱棚或方棚, 上盖遮阳网, 出现阵雨时临时加盖塑料小拱棚, 遮阳网一般晴天 10 时左右盖上, 16 时左右揭开, 阴天不盖, 出齐后逐渐揭去。

壮苗标准: 上下胚轴粗短无弯曲; 幼苗上具有 5~7 片正常叶, 叶片较厚, 叶色绿; 苗心正常, 无病虫害危害; 幼苗根系发达, 无根部病害。

三、整地施肥

选肥沃、湿润、排灌水方便的田块栽植, 切忌选十字花科蔬菜连作地, 且最好田块附近无夏大白菜、夏红白菜薹等十字花科蔬菜栽培, 因为十字花科田块的虫和病菌会很容易转移过来, 引发病虫害。结合耕地施足基肥, 基肥应以有机肥为主, 亩施商品有机肥 600kg、复合肥 50kg。均匀撒施，然后翻土拌匀做畦。采用深沟高畦的栽培方式，畦面 140cm，畦高 25cm，沟宽 40cm。

四、及时定植

定植苗龄一般控制在 20～25 天为宜，晚熟品种可以在 30 天左右定植，但超过 30 天幼苗质量下降对植株的生长发育不利，即所谓"不栽满月苗"。早熟品种，苗龄 18～22 天；中熟品种，苗龄 22～25 天；晚熟品种，苗龄 25～30 天。早熟品种幼苗长大后如不及时定植，易在苗床中发生先期抽薹现象；晚熟品种冬性强，播种季节晚，因此，苗龄相对长一些，但如果苗床贫瘠、高温干旱，也易发生部分抽薹。选阴天或晴天傍晚定植，定植时尽量不损伤幼苗，栽后马上浇定根水。不宜在雨天定植，雨天土壤积水缺少氧气，幼苗难以发生新根，成活率低。

极早熟、早熟品种可按行距 40cm，株距 30cm 左右进行定植，每亩 5 000 株左右。中熟品种可按行距 50cm，株距 35cm 左右进行定植，每亩 3 000 株左右。晚熟品种可按行距 50cm，株距 40cm 左右进行定植，每亩 2 800 株左右。晚熟品种一般进行越冬栽培，因植株较小，种植密度可相应增加 10%～20%。

五、田间管理

红菜薹根系较浅，对水分要求较严，缺水影响生长，浇水过多土壤太湿，易引起病害特别是软腐病的发生。灌水采用沟灌方式较好，灌水应在 17 时后进行，水面不要超过畦面，待土壤潮湿后，就马上排掉积水。一般每隔 8～10 天浇一次水。

追肥原则是"前轻后重"，苗期追肥促进早发，中后期追肥促进多抽薹，薹粗壮。追肥一般在定植后 5～7 天缓苗后亩追施硫铵或尿素 10kg，以后在菜薹采收期再施 1～2 次 5～10kg 复合肥，最好不要浇粪稀水等有机肥，以免引起病害。肥追可结合灌水、中耕除草进行，追肥要施于根际，不可撒在叶片处。

六、病虫害防治

红菜薹的主要病害有软腐病、霜霉病、根肿病等；苗期主要虫害有小猿叶虫和菜青虫等危害，叶片生长期有菜青虫、小菜蛾、甜菜夜蛾及蚜虫等危害。

防治软腐病应加强田间栽培管理，及时清除病叶残枝，在病株穴内撒消石灰杀灭病菌，以防蔓延。同时结合药剂防治，发病初期可用72%农用链霉素3 000～4 000倍液、50%代森铵1 000倍液、新植霉素3 000～4 000倍液、25%噻枯唑可湿性粉剂800倍液，每隔7天喷1次，连续3～4次，重点喷洒病株基部和近地表部，还可视具体情况做灌根处理。

霜霉病的防治用50%福美双可湿性粉剂或者75%百菌清可湿性粉剂拌种对种子进行消毒，用药量为种子重的0.3%左右。药剂防治可用64%杀毒矾500倍液或50%瑞毒霉锰锌500～600倍液、25%甲霜灵500倍液或50%敌菌灵可湿性粉剂500倍液喷雾。

根肿病应注意轮作，及时拔除病株施用石灰，同时结合药剂防治，如恶霉灵水剂500倍液、53%金甲霜灵锰锌可湿性粉剂500倍液或70%甲基托布津可湿性粉剂600倍液浇根，每隔7天喷1次，连续3～4次，收获前10天停止用药。

防治菜蚜用植物杀虫剂1%苦参素1 000倍或27%灭蚜灵1 000倍液或灭虫霸500倍液；小猿叶虫可喷洒50%辛硫磷乳油1 000倍液或者5%锐劲特悬浮剂2 000倍液、20%菊马乳油3 000倍液等药剂，也可以用90%敌百虫600倍液进行灌根防治幼虫。小菜蛾可用5%锐劲特悬浮剂1 500倍液、10%溴虫腈悬浮剂1 000倍液喷雾。

七、及时采收

红菜薹的采收以晴天下午为好，因为采收后的伤口容易愈合且下午菜薹的叶柄、叶片均较柔软。采收标准以始花1～2天作为采收标准，前期一般每隔3～4天采收1次。采收菜薹最好使用专用的采薹刀切断菜薹，原则上采主薹宜低，但不要带大叶，采侧薹时基部留 3 ~ 5 叶，采孙薹时基部留 1 ~ 2 叶，第一批菜薹采收后，留下的伤口容易发生软腐病，应注意药剂防治。红菜薹采收完后可进行扎把，扎把时要整齐，开花多的打掉一些花，叶大的可进行摘除，如有必要还可以按照菜薹粗细进行分级。

第二十七节　大白菜栽培

一、品种选择

选用优质丰产、适应性广、抗逆性强、商品性好的品种。春季栽陪品种要求冬性强、耐低温、耐抽薹、生长期短、生育期 55 ~ 60 天。如春大将、春冠、阳春、春珍白 1 号、京春娃 2 号等品种。夏季栽培品种要求耐热、抗病。生长期短、生育期 50 ~ 55 天。如夏丰、夏阳、夏优 3 号、春夏王、热抗白 45 天等品种。秋冬季栽培品种要求丰产、抗病、优质的中、晚熟品种。如改良青杂三号、87 - 114、德高系列等品种。

二、播种育苗

育苗移栽是大白菜栽培的主要方式。育苗便于合理地安排茬口，延长大白菜前作的收获期，而又不延误大白菜的生长。利用少量育苗地提前育苗，从而大大提高了土地利用率。同时，集中育苗也便于苗期管理，合理安排劳动力，还可节约用种量。但是，育苗移栽比较费工，栽苗后又需要有缓苗期，这就耽误了植株的生长，而且移栽时根部容易受伤，会导致苗期软腐病的发生。注意苗不能大，因根的再生能力差。采用基质穴盘精量播种育苗是近年来南方大白菜育苗的新趋势、可克服常规育苗的缺陷。采用春大白菜一般在 2 月中下旬至 3 月初播种为宜，过早播种如遇低温易造成未熟抽薹。育苗全过程应在大棚加小拱棚内进行，温度保持在 13℃以上，以防低温春化。秋大白菜宜在 8 月中旬播种，在遮阳避雨设施中进行。穴盘规格为 50 或 72 孔，将湿润基质装盘后点播种子，亩用种量 25g 左右，贴盘覆盖遮阳网防晒保湿，2～3 天出苗揭网，晴天中午及时遮盖，上午 10 时前和 16 时后、多云天气不应覆盖遮阳网。加强水分管理和病虫防治，20 天左右成苗。

三、整地施基肥

大白菜根群主要分布于浅土层中，对土壤水分和养料都有较高的要求。前茬作物收获后于伏天提前耕翻晒垄，以改善土壤的理化性质和杀灭病菌，大白菜生长期长，生长量大，需要大量肥效长而且能加强土壤保肥力的农家肥料。常有"亩产万斤菜，亩施万斤肥"之说。当然，如果肥料质量很好也可少施。在大量施用含氮肥料的同时，应注意施磷、钾肥料。一般亩施优质有机肥 3 000kg。有机肥料应充分腐熟。并配合施用氮、磷、钾有效成分为 45% 的复合肥 50kg 左右，适当补充钙、铁等中、微量元素。基肥施入后，结合耕耙使基肥与土壤混合均匀。土地平整后即可做畦。要根据当地土壤的具体条件来决定畦型。应该采用高畦（垄）。高畦灌溉方便，排水便利，行间通风透光好，能减轻大白菜霜霉病和软腐病的发生。一般畦宽 1.2m，畦高 25cm，沟宽 40cm。整地作畦后覆盖银黑双色地膜。

四、适时定植，合理密植

大白菜以 5～6 片真叶，苗龄 20 天左右为定植适期。小型品种每畦栽 4 行，行距 40cm，株距为 35cm，亩植 4 500株；大中型品种每畦栽 3 行，行距 45cm，株距为 40cm，亩植 3 000株；一定要带土块护根定植。定植后立即浇定根水。以后几天中要沟灌一次透水以利缓苗。缓苗后用泥土封严定植孔。

五、田间管理

根据大白菜需肥规律、土壤养分状况和肥料效应，通过土壤测试，确定相应的施肥量和施肥方法，按照有机与无机相结合、基肥与追肥相结合的原则，实行平衡施肥。

大白菜的生长期分为苗期、莲座期、包心期 3 个阶段，不同生长阶段对环境要求不同。苗期至莲座期：水分管理要做到干干湿湿，进行 1~2 次中耕松土、除草，进行 1~2 次浇水，并同时进行追肥，每亩用沤制饼肥 30kg；莲座期至包心期：莲座期开始时土壤水分不宜过多。莲座后期可结合追肥同时浇水，每亩用腐熟有机肥 500kg。包心期土壤应保持湿润，肥料应重施，每亩可沟施沤制饼肥 75kg 或复合肥 30kg。

春、夏白菜生长期短，必须重施基肥，应一促到底。前期每亩轻施腐熟人粪尿 1~2 次或尿素 10~15kg，结球期每亩施尿素 20kg，配合硫酸钾 5~10kg。

六、病虫害防治

(一) 综合防治措施

因地制宜选用抗（耐）病优良品种，合理布局，实行轮作倒茬，加强中耕除草，清洁田园，降低病虫源数量。

培育无病虫害壮苗，银灰膜避蚜或黄板诱杀蚜虫，或频振式杀虫灯诱杀害虫等。

(二) 药剂防治

菜青虫、小菜蛾、甜菜夜蛾银纹夜蛾病毒（奥绿一号）、甜菜夜蛾病毒、小菜蛾病毒及白僵菌、苏云金杆菌制剂等进行生物防治；或 5% 定虫隆（抑太保）乳油 2 500 倍液喷雾或 5% 氟虫脲（卡死克）1 500 倍液或 50% 辛硫磷 1 000 倍液喷雾或齐墩螨素乳油、5% 氟虫腈（锐劲特）、苦参碱、印楝素、鱼藤酮、高效氯氰菊酯、氯氟氰菊酯、联苯菊酯等喷雾进行防治，根据使用说明正确使用剂量；蚜虫：可用 10% 吡虫啉 1 500 倍液或 3% 啶虫脒 3 000 倍液或 5% 啶高氯 3 000 倍液或 50% 抗蚜威可湿性粉剂 2 000~3 000 倍液喷雾；斜纹夜蛾应尽量在幼虫 2 龄未分散前防治，4 龄后幼虫夜出为害，施药应在傍晚进行。药剂有斜纹夜蛾病毒杀虫剂，5% 氟啶脲（抑太保）乳油 1 500 倍液，10% 虫螨腈（除尽）悬浮剂 1 500 倍液；病毒病在发病初可选用 83 增抗剂 100 倍液，病毒 K 1 000 倍液，病毒净 400 ~ 600 倍液，病毒灵 500 倍液，1.5% 植病灵乳剂 1 000 倍液，20% 病毒 A 500 倍液，抗毒剂 1 号 400 倍液喷雾防治，每隔 7 天 1 次，连续喷 3 ~ 4 次；霜霉病可选用 58% 甲霜灵锰锌可湿性粉剂 600 倍液，58% 雷多米尔·锰锌可湿性粉剂 500 倍液，10% 氰霜唑 2 000 倍液，25% 甲霜灵可湿性粉剂 1 000 倍液，64% 杀毒矾可湿性粉剂 500 倍液，72% 克露可湿性粉剂或 72.2% 普力克水剂 600 ~ 800 倍液，75% 百菌清可湿性粉剂 500 倍液喷雾，7 ~ 10 天 1 次；连续 3 ~ 4 次，上述药剂交替使用，效果更好。

软腐病发病初期用药液浇蔸或喷淋，药剂可选用"菜丰灵"400 倍液，500 万单位农用链霉素或新赤霉素 4 000 倍液，高锰酸钾 3 000 ~ 4 000倍液，14% 络氨铜水剂 350 倍液，77% 可杀得可湿性粉剂 500 倍液。每 7 ~ 10 天 1 次，连续用 2 ~ 3 次；炭疽病、黑斑病：可选用 69% 安克锰锌可湿性粉剂 500 ~ 600 倍液，或 80% 炭疽福美可湿性粉剂 800 倍液等喷雾防治。

七、适时采收

大白菜自定植至始收期，早熟品种需 50 ~ 55 天，中晚熟品种 70 ~ 100 天。以结球紧实为适收期，此时采收产量最高。也可根据市场行情提早或压园采收，以获得更好的效益。高温期结球不会太紧，也宜提早采收。采收前 5 天不浇水，以免发生叶球破裂，影响产量和品质。

第二十八节　结球甘蓝栽培

一、品种选择

根据不同的栽培季节选择品质好、产量高、抗逆性强、市场畅销的新优品种。春甘蓝应选择冬性强，不易抽薹的品种，如争春、春丰、春蕾、博春、628、中甘21号及晚熟品种京丰1号等；夏甘蓝宜选择耐热、耐湿、抗病性好的品种，如中甘8号、夏光、夏王、夏圣等；秋冬甘蓝应选择品种质好、综合性状优良的品种，类型以早熟圆球、中熟扁球为主，如中甘16、中甘17、夏光、世农200、澳奇丽、美丰70、神绿8号、寒丽、湖月、冬升、绿缘、京丰一号等。

二、适时播种、培育壮苗

春甘蓝在10月下旬至11月上旬播种为宜；夏甘蓝在4月下旬至5月中旬播种为宜，秋冬甘蓝在7月下旬至8月下旬为宜。一般采用基质穴盘育苗，夏甘蓝和早秋甘蓝育苗正值高温暴雨强光季节，对秧苗出土生长极为不利，因此需采用遮阳避雨设施育苗，穴盘规格为50或72孔，将湿润基质装盘后点播种子，亩用种量25g左右，贴盘覆盖遮阳网防晒保湿，2～3天出苗揭网。晴天中午及时遮盖，10时前和16时后、多云天气不应覆盖遮阳网。加强水分管理和病虫防治，30天左右成苗。

三、整地施肥

甘蓝栽培以选择土层深厚、有机质含量丰富、肥沃的壤土或砂质土最为理想。忌连作，也忌酸性土壤。定植前应深耕炕地，施足基肥。基肥要求每亩用农家肥2 500kg、复混肥50kg，加碳铵50kg，在整地前撒施，然后深翻入土。基肥施入后，结合耕耙使基肥与土壤混合均匀。整地畦宽1.2m，畦高25cm，沟宽40cm。畦长根据田型大小而定，做到腰沟、围沟、畦沟配套，以利于排灌。整地作畦后覆盖银黑双色地膜。基肥要求每亩用农家肥2 500kg、复混肥50kg，加碳铵50kg，在整地前撒施，然后深翻入土。基肥施入后，结合耕耙使基肥与土壤混合均匀。整地作畦后覆盖银黑双色地膜。甘蓝早熟品种定植株行距40cm×40cm，每亩3 000～3 500株，中晚熟品种50cm×50cm，每亩2 200～2 500为宜。一般亩施优质有机肥3 000kg。有机肥料应充分腐熟。并配合施用氮、磷、钾有效成分为 45% 的复合肥 50kg 左右，适当补充钙、铁等中、微量元素。基肥施入后，结合耕耙使基肥与土壤混合均匀。土地平整后即可做畦。要根据当地土壤的具体条件来决定畦型。应该采用高畦（垄）。高畦灌溉方便，排水便利，行间通风透光好，能减轻大白菜霜霉病和软腐病的发生。一般畦宽 1.2m，畦高 25cm，沟宽 40cm。整地作畦后覆盖银黑双色地膜。

四、合理密植

甘蓝以 6~7 片真叶，苗龄 30 天左右为定植适期。小型品种每畦栽 4 行，行株距 40cm，亩植 4 000 株；大中型品种每畦栽 3 行，行株距 45cm，亩植 2 800 株；一定要带土块护根定植。定植后立即浇定根水。以后几天中要沟灌一次透水以利缓苗。缓苗后用泥土封严定植孔。

五、田间管理

春甘蓝对追肥要求严格，掌握"前控后促"的原则，冬季温度低，生长慢属正常现象，要求轻施或不施追肥，使幼苗处于小苗越冬状态。春季回暖，幼苗生长开始加快，进入肥水管理关键时期，一般在 2 月底至 3 月初（雨水至惊蛰）重追一次，3 月底至 4 月再追一次，追肥可用粪水加碳铵（每亩每次 20kg）浇施，在春季雨水多时要做好排水防渍。

夏秋甘蓝不耐旱，应定期灌水。进入莲座期，可结合浇水每亩施三元复合肥 20kg，促进茎叶生长；结球初期进行第二次追肥，每亩施优质复合肥 25kg，此后 5~7 天浇 1 次水；叶球生长盛期进行第三次追肥，每亩施三元复合肥 25kg，促进叶球紧实。雨天应注意排水，畦沟内不能有积水。

六、防病治虫

定植后注意防治病虫，甘蓝的病害主要有黑腐病、软腐病。属于细菌性病害，发病初期用 72% 农用硫酸链霉素可溶性粉剂

3 000～4 000倍液或47%春雷·王铜可湿性粉剂500～800倍液等药剂喷雾防治，每7天喷1次，连续防治2～3次；病毒病可喷施20%病毒A可湿性粉剂500倍液或喷施1.5%植病灵1 000倍液防治。甘蓝的主要害虫有菜青虫、小菜蛾及夜蛾等，可用5%抑太保乳油1 500倍液或氟虫腈1 000～1 500倍液或阿维菌素1 000～1 500倍液或甲氨基阿维菌素苯甲酸盐1 000～1 500倍液等，5～7天防治1次；甘蓝生长后期易受蚜虫为害，可用噻虫嗪10 000倍液、吡虫啉1 000～1 500倍液，5～7天喷雾1次，连续喷2次。

七、适时采收

甘蓝自定植至始收期，早熟品种需50～55天，中晚熟品种75～120天。以结球紧实而未裂球前为适收期，此时采收产量最高。也可根据市场行情提早或压园采收，以获得更好的效益。高温期结球不会太紧，也宜提早采收。采收前5天不浇水，以免发生叶球破裂，影响产量和品质。

第二十九节　青花菜栽培

一、优良品种

根据青花菜品种的熟性分为三类：早熟种群、中熟种群、晚熟种群。早熟种群比较耐热，适于早秋与晚春栽培。花芽分化需要在22～23℃下，花球形成8～24℃，从播种至采收蕾球在100天以内，定植后40～50天可采收蕾球。主要品种有秋绿、里绿、绿珍、优秀、中青一号、中青二号等；中熟种群适于秋冬栽培，花芽分化需在17～18℃下，花球形成15～20℃，从播种至采收蕾球在110天。主要品种有绿带子、曼陀绿、绿玉、美好、碧玉、绿州807等；晚熟种群比较耐寒，适于早秋与春季栽培，适合于晚秋、冬、初春种植，主要品种有圣绿、未来、绿岭、山水等。

二、培育壮苗

秋冬栽培一般在 7—9 月育苗，春季栽培在 12 月至翌年 1 月育苗，亩用种量 20 克。采用营养基质穴盘湿润法育苗，将装有轻质育苗基质的穴盘（50 孔）放入浅水营养池中，浇足底水，然后压穴播种，每穴播种 1 粒，盖一层薄薄基质后随即覆盖遮阳网保湿。2 ~ 3 天幼苗开始拱土即揭开遮阳网，秧苗在育苗基质中扎根生长，并能从基质和营养液中吸收水分和养分。加强水分管理和病虫防治，苗龄 30 ~ 40 天，6 ~ 7 片真叶时移栽。

三、整地施肥

于前作收获后土壤翻耕前，每亩撒施生石灰 100kg，进行土壤消毒。土壤翻耕后，每亩撒施发酵饼肥 100kg 或商品有机肥 300kg、硫酸钾型复合肥 40kg、钙镁磷肥 50kg、硼砂 1 ~ 2kg。将肥料与土壤混匀，然后进行整地作畦，畦面宽 90cm，略呈龟背形，沟宽 50cm，沟深 30cm，设施条件好的菜地整地后每畦铺设滴灌 1 条，随即覆盖银黑双面地膜。整地施肥工作应于移栽前 1 周完成。

四、适龄定植合理密植

于阴天或晴天傍晚选苗龄在 35 ~ 40 天，有 6 ~ 7 片真叶、茎粗壮，根系发达，无病虫的壮苗定植，株行距为（40 ~ 45）cm × 50cm，亩栽 2 600 株。并浇足定根水，第二天再浇一次活棵水后用土封闭定植孔。

五、科学培管

定植 1 周左右用滴灌追施一次提苗肥（5kg 冲施肥）；20 天后追施一次促长肥（10kg 冲施肥）；现蕾后追施一次催蕾肥（7.5kg 冲施肥）；同时叶面喷 0.2% 的硼肥 1 ~ 2 次。还要及时抹侧芽，注意雨天清沟沥水、久晴干旱灌溉补水。

六、病虫防治

青花菜主要是三病三虫，即黑斑病、霜霉病、黑腐病，菜青虫、小菜蛾、蚜虫。防治黑斑病可用 50% 异菌脲可湿性粉剂 1 000~1 500 倍液，喷雾防治，7 天一次，连喷 2~3 次。或 47% 春雷霉素·氧氯化铜可湿性粉剂 600~800 倍液喷雾防治；防治黑腐病发病初期喷洒 72% 农用硫酸链霉素可溶性粉剂或新植霉素 $200×10^{-6}$ 或氯霉素 $100×10^{-6}$ 或 30% 绿得保悬浮剂 350 倍液；防治霜霉病可用 72% 克露可湿性粉剂 800 倍液、72% 霜脲锰锌（克抗灵）800 倍液、64% 杀毒矾可湿性粉剂 500 倍液、58% 甲霜灵锰锌可湿性粉剂 500 倍液喷雾；防治菜青虫在幼虫 2 龄前，可选用 Bt 500~1 000倍液或 1% 杀虫素乳油 2 000~2 500倍液或 0.6% 灭虫灵乳油 1 000~1 500倍液等喷雾；防治小菜蛾可用灭幼脲 700 倍液、25% 快杀灵 2 000 倍液，24% 万灵 1 000 倍液喷雾；防治蚜虫用吡虫啉等喷雾。

七、适时采收

青花菜采收时期比较短，必须适时采收。一般采收标准为花球充分长大，色彩翠绿，球面稍凹，花蕾紧密，花球坚实。采收过早会影响产量，宜在早上露水干后采收。

第三十节　花椰菜栽培

一、品种选择

根据当地自然条件和市场需求进行品种选择，选用抗逆性强、适应性广、商品性好的品种。春季栽培选用荷兰春早、瑞士雪球、雪峰等品种；秋季栽培选用白峰、日本雪山、荷兰雪球等品种。

二、培育壮苗

秋冬栽培一般在 7—9 月育苗，春季栽培在 12 月至翌年 1 月育苗，亩用种量30克。采用营养基质穴盘湿润法育苗，将装有轻质育苗基质的穴盘（50孔）放入浅水营养池中，浇足底水，然后压穴播种，每穴播种1粒，盖一层薄薄基质后随即覆盖遮阳网保湿。2～3天幼苗开始拱土即揭开遮阳网，秧苗在育苗基质中扎根生长，并能从基质和营养液中吸收水分和养分。加强水分管理和病虫防治，苗龄30～40天，6～7片真叶时移栽。早秋育苗正值高温季节，遮阳降温是关键。播种后贴盘盖上双层遮阳网防暴晒、防暴雨、降温保湿。出苗后遮阳网要按时揭去，晴天上午10时盖上、16时揭开，阴天不盖，遇暴雨临时加盖薄膜防雨。随着幼苗生长，逐步减少遮阳时间，定植前5天揭去遮阳网炼苗。壮苗标准：苗龄在30～40天，真叶6～7片，茎粗壮，叶色浓，根系发达。切忌苗龄过长，以免"花球早现"，失去商品价值。

三、整地施肥

于前作收获后土壤翻耕前，每亩撒施生石灰100kg，进行土壤消毒。土壤翻耕后，每亩撒施发酵饼肥100kg或商品有机肥300kg、硫酸钾型复合肥40kg、钙镁磷肥50kg、硼砂1～2kg。将肥料与土壤混匀，然后进行整地作畦，畦面宽120cm，略呈龟背形，沟宽40cm，沟深25～30cm，随即覆盖银黑双面地膜。整地施肥工作应于移栽前1周完成。

四、适龄定植合理密植

于阴天或晴天傍晚选苗龄在35～40天，有6～7片真叶、茎粗壮，根系发达，无病虫的壮苗定植，每畦栽3行，行株距为50cm×45cm，亩栽2 800株。并浇足定根水，第二天再浇一次活棵水后用土封闭定植孔。

五、科学培管

浇好"三水"即定植水、缓苗水和花球水。出现花球后要保证水分供应，除了浇好"三水"外，还应隔3～4天浇1次水，一直持续到收获花球前的 5~7 天。如遇干旱天气，应全田灌跑马水，忌浸灌、漫灌。同时，开好排水沟，防止雨天田间积水。

花椰菜生长需肥量大，施肥应把握"前促、中稳、后攻"的原则，尤其是早熟品种生长期短，如前期肥量不足，易造成营养生长不良而出现早花低产，因此追肥要以促为主。缓苗后，浇 1 次 20% 清粪水提苗，以后分别于莲座期、花球膨大期亩施尿素 10kg 加三元复合肥 15kg 硼砂 1kg，随水追施。另外，应结合植株长势适时根外追肥：现蕾后用 0.1% 钼肥加 0.5% 磷酸二氢钾混合液叶面喷施，每 7 天喷 1 次，连喷 2~3 次，可防生理性病害，促进花球膨大、洁白。

花椰菜生长的中期会长出一定量的腋芽，养分消耗较多，影响花球生长，应及时并适时一次性打掉。

花椰菜花球暴露在阳光下容易由白色变成淡黄色或紫色，花球中甚至会生出黄毛和小叶，降低品质，因此，要适时遮阳保护花球。当花球直径达 6~8cm 时，可折倒靠近花球的老叶盖住花球，盖叶枯黄后再换叶或用稻草将内叶束捆包住花球。

六、病虫害防治

花椰菜的主要病害有细菌性黑腐病、黑根病、霜霉病、黑斑病等。防治以预防为主，种子消毒，苗床土消毒，避免与十字花科作物连作等方法。药剂防治：细菌性黑腐病用农用链霉素、新植霉素等喷雾防治；黑根病用甲基立枯宁、百菌清等灌根；霜霉病用甲霜灵锰锌、杀毒矾等喷雾防治；黑斑病用可杀得、百菌清、农用链霉素等喷雾防治。

花椰菜的主要虫害有蚜虫、菜青虫、小菜蛾和斜纹夜蛾等。防治方法：以农业防治为主。清洁田园，利用银灰色的地膜驱蚜，黑光灯诱杀、田间悬挂黄板诱杀蚜虫等方法预防虫害发生。菜青虫用天宝星、Bt 乳剂等药剂喷雾防治，蚜虫用 10% 吡虫啉可湿性粉剂 1 500 倍液喷雾防治；小菜蛾于幼虫期用 1.8% 阿维菌素 3 000 倍液喷雾防治。斜纹夜蛾用 5% 的抑太保乳油 2 500~3 000 倍液或

52.25%的毒氯乳油1 000倍液喷雾，晴天傍晚用药。

七、采收

当花球充分膨大、表面圆正、边缘尚未散开时为采收适期，分批采收可延长采收期，保证品质。采收时，将花球下部带花茎10cm左右一起割下。花球基部需留4～5片嫩叶保护花球，以避免在装运中损伤变质，并保持花球的新鲜柔嫩。

第三十一节　芦笋栽培

芦笋，别名石刁柏、龙须菜等，为百合科天门冬属多年生宿根性草本植物，以嫩茎供食用。由于品种的不同及栽培的差异，其嫩茎的颜色有绿、紫、白3种，又有绿芦笋、紫芦笋和白芦笋之分。正常的栽培条件下，嫩茎出土后多数品种为绿色（称之为绿芦笋），有的品种为紫色（称之为紫芦笋），经过培土软化栽培方式而采收的嫩茎为白色（称之为白芦笋）。

一、品种选择

选择丰产性好、抗病性强、精笋率高的芦笋F1代优良新品种，如"格兰蒂""阿特拉斯""阿波罗"等品种。

二、播种育苗

（一）育苗方法与季节

芦笋种子价格昂贵，成本高，而且采用露地直播种子发芽率低，目前生产上常采用塑料穴盘基质育苗成苗率较高。

芦笋育苗的季节分冬春苗和春夏苗。冬春苗多在1—2月播种，4—5月移栽。一般采用大棚套小拱棚采用塑料穴盘育苗，双层塑料薄膜覆盖。为预防早春低温阴雨寡日照天气，必要时可在塑料穴盘底部铺设电热线进行适当加温处理。早春育苗芦笋秧苗质量较好，一般采用大棚套小拱棚，双层塑料薄膜覆盖。为预防早春低温阴雨寡日照天气，必要时可在塑料穴盘底部铺设电热线进行适当加温处理。春夏苗育苗可在6—7月于露地进行，9—10月移栽。

（二）播前种子处理

芦笋种子皮厚，有一层较厚的蜡质，不易吸水。播种前必须浸种催芽、进行药剂处理才能播种。播前用25~30℃的温水浸泡3~5天，每天换水1~2次，待种子吸足水分捞出，拌细沙装于容器内，盖湿毛巾，置于25~30℃条件下催芽，每天翻动2次，经5~8天露白后即可播种。

（三）播种

将装有轻质育苗基质的穴盘（72孔）浇足底水，然后压穴播种，每穴播种1粒，盖约0.5cm厚的基质后随即覆盖地膜（遮阳网）保（降）温保湿。

（四）幼苗培育

出苗后及时揭去地膜（遮阳网），保持基质湿润状态。一般经60~70天的培育，具有3~4根健壮苗、株高15~20cm时即可移栽定植。

三、整地施肥

选择土质疏松、透气性好、地势高、排水通畅、土层深厚富含有机质的沙壤土，pH值5.8~6.7。定植前进行土壤翻耕、整地作畦、施肥。土壤耕翻后整地作畦；畦向南北向，畦宽100cm、畦高25cm、沟宽40cm。然后在畦中开沟施肥，亩施入优质有机肥5 000kg或商品有机肥1 000kg、氮磷钾复合肥50kg。

四、适时定植，合理密植

冬春苗一般在4—5月定植；春夏苗一般在9—10月定植。定植密度行距为140cm（即每畦栽1行）、株距为30~35cm，亩植1 300~1 500株。定植时将幼苗地下茎着生鳞芽的一端顺着沟朝一个方向走，定植后及时浇定根水和复水，以保秧苗成活。

五、田间管理

（一）定植当年的管理

芦笋定植后应狠抓以养根壮株，猛促秋发为核心的田间管理工作，才能达到早期速生丰产目的。定植后因植株矮小，应及时中耕除草。如天气干旱，应适时浇水，汛期应及时排涝，严防田间积水沤根死苗。根据苗情补施苗肥 10 ~ 15kg 尿素促平衡生长。进入 8 月以后，芦笋进入秋季旺盛生长阶段。应重施秋发肥，大力促进芦笋在 8、9、10 3 个月迅速生长，为明年早期丰产奠定基础。一般亩施有机肥 2 ~ 3 立方米、复合肥 50kg、尿素 10kg。在距植株 40cm 处开沟条施。同时注意防治病虫害。入冬后，芦笋地上部分开始枯萎，其植株内营养向地下根部转移，有利壮根春发高产。冬末春初的 2 月，应彻底清理地上植株，减少病害菌源。

（二）定植第二年及以后采笋年

第二年及以后的采笋年，应重点做好科学运筹三肥、综合防治病虫害二项工作。

1. 科学运筹三肥

三肥即催芽肥、壮笋肥和秋发肥。基本做法是：3 月结合垄间耕翻、培土施好催芽肥，亩施土杂肥 2 ~ 3 立方米，芦笋专用肥 50kg。有利于鳞芽及嫩茎对无机营养需求。6 月上中旬施好壮笋肥（接力肥），亩施尿素 10 ~ 15kg，此次肥料起接力作用，可延长采笋期，提高中后期采笋量。8 月上中旬采笋结束后，结合细土平垄，要重施秋发肥，亩施土杂肥 2 ~ 3 立方米，芦笋专用肥 100kg、尿素 10kg，促芦笋健壮秋发，为明年优质高产积累营养，培育多而壮的鳞芽。这种三肥配套，合理运筹的施肥模式是芦笋高产优质的基础。

芦笋生长期长，较耐旱而不耐涝渍。但在采笋期间保持土壤湿润，嫩茎生长快、品质好、产量高。此期干旱应适时灌跑马水。汛期注意排除涝渍，防高温烂根等病害发生。

2. 综合防治病虫害

芦笋茎枯病、褐斑病是危害芦笋的主要病害，发病快、为害严重。目前尚无特效药防治。实践证明，采取以农艺措施为主，辅之以加强药剂防治的综合防病虫策略，可取得事半功倍的效果，具体做法是：①适时摘心防倒伏。芦笋植株可达 1.5m 以上，任其生长，严重影响通风透光，且易倒伏，田间湿度大病害重。当植株达 70cm 左右时应适时摘心，有利于集中营养，促地下根茎生长。有条件可拉铁丝，确保植株不倒伏。②清理田园。清理田园降低浸染源，是防治茎枯病的有效方法之一。2 月全面清理田间茎杆，清扫病残枝叶并集中烧毁处理。8 月上中旬采笋结束后，结合回土平垄，要彻底清理残桩和地上母茎，鳞芽盘要喷药杀菌消毒。秋发阶段，要定期摘除田间病残枝叶，可极大的减轻病害发生。③留母茎采笋，延长采笋期。定植后第二年的新芦笋田块，只宜采收绿芦笋。一般 4 月上中旬长出的幼茎，作为母茎留在田间不采，以供养根株，一般每株留 2～3 个。以后再出的嫩茎开始采收。采收期长短据上年秋发好坏而定，一般可采收 30～50 天。进入盛产期芦笋田块，5 月上中旬前出生的嫩茎可全部采收。5 月上中旬视出笋情况每穴留 2～3 根母株后，可采收至 8 月上中旬。采收白芦笋田块一般于 5 月上中旬开始留母茎，每株层留 1～2 根，可连续采收至 8 月上中旬。这种留母茎采笋不仅增加了笋农收益，而且避开了 7 月高温高湿天气造成的发病高峰，减少用药次数，降低成本。④合理施肥。增施有机肥和磷钾肥，适当控制氮肥用量。可增加土壤有机质，疏松土壤，促进芦笋茎叶健壮生长，提高抗病能力。⑤抓住有利时机，合理药剂防治。所留茎出土 5～7 天内，株高达 20cm 左右时，采用波尔多液、多菌灵等药剂涂茎。采笋结束后，结合清理残桩，要顺垄喷药保护根盘，消灭根盘及表土层内的病菌。采笋期所留母茎及秋发阶段，在及时清理病残枝叶的基础上，据天气、病情适时喷药防治，并交替用药，提高喷药质量。可选用多菌灵、甲基托布津、代森锰锌、退菌特等。虫害主要有斜纹夜蛾、甜菜夜蛾、棉铃虫、地老虎等危害。夜蛾类可用灭幼脲、农林乐等 1 000 倍液防治蚜虫等可用氧化乐果 1 000 倍液防治，地下害虫可用呋喃丹，土壤处理及敌百虫饵料防治。

六、科学采笋

绿芦笋在每天 8 ~ 10 时采收。根据商品质量要求将伸出地面 20 ~ 24cm 的幼茎，在土下 2cm 处割下，集中分级出售。

采收白笋，一般于 3 月 25 号前结合耕整施肥做好扶垄培土工作。要求土壤细碎，作成底宽 60cm、高 25 ~ 30cm、顶宽 40cm 的高垄。并达到土垄内松外紧，表面光滑。采收期每天 8 时前及 16 时后两次检查垄顶，发现土表龟裂，应扒开表土，用笋刀于地下茎上部采收，采收时不可损伤地下茎。采后将垄土复原拍平，白笋采后要遮阴保管，及时分级出售。

第三十二节　菜藕栽培

一、种藕选择及处理

（一）品种选择

宜选择高产、抗病性（特别是抗腐败病能力）强、抗逆、优质、商品性能好的品种。浅水藕莲品种（适于低洼水田或一般水田栽培，水位 10 ~ 30cm 为宜，最深不超过 70cm）主要有合肥飘花藕、武植 2 号、宝应大紫红、鄂莲 1 号、鄂莲 5 号等，多为早熟品种。深水藕莲品种（要求水位 30 ~ 60cm，最深不超过 1m，适于浅水湖荡、河湾和池塘种植）有宝应美人红、鄂莲 4 号等，多为中晚熟品种。

（二）种藕选择

种藕应在原种田内越冬，种植前随挖随栽，不宜在空气中久放，从采挖到栽种不超过 10 天。短期贮藏，可用浇水保湿或浸泡水中。长途运输可用泡沫屑塑料包装保湿。

种藕应具有该品种形态特征的较大子藕。种藕应来自无严重病虫害区域，无病虫危害，机械损伤少，并以新鲜、粗壮的主藕为好（每一节间不超过20cm，至少有两节以上充分成熟的藕身，顶芽完整，并带有1～2支子藕，重量在0.5kg左右。取种藕时应带15%左右的泥，以起到保护种藕的作用。

(三) 种藕的消毒

可在种植田中直接建简易消毒水凼，一般每亩建4个，规格为长2m，宽1.5m，深30cm。每凼内放药剂恶霉灵0.3kg加多菌灵0.9kg，恶霉灵浓度为3 000倍液，多菌灵浓度为1 000倍液，放入种藕40支，浸泡24h消毒。

二、莲藕生长所需的环境条件

(一) 水分

莲藕水生，整个生长发育过程中均不可缺水。其中萌发生长阶段要求浅水，水位5～10cm为宜。随着植株进入旺盛生长阶段，水位可以逐步加深至30～50cm。以后随着植株的开花、结果和结藕，水位又宜逐渐落浅，及至莲藕休眠越冬，保持浅水或土壤充分湿润。

(二) 温度

莲藕喜温暖，要求温度达15℃以上才可萌芽，生长旺盛阶段要求20～30℃，水温21～25℃。结藕初期也要求温度较高，以利于藕身的膨大或开花结籽，后期则要求昼夜温差较大，白天25℃左右，夜晚15℃左右，有利于养分的积累和藕身的充实。

(三) 光照

莲藕为喜光植物，生长和发育都要求光照充足，不耐遮阴。前期光照充足，有利于茎、叶的生长，后期光照充足，有利于藕身的充实。

(四) 土壤和营养

莲藕在壤土、沙壤土均能生长，但以含有机质丰富的腐殖质土为最适。土壤有机质的含量至少应在 1.5% 以上。土壤 pH 值要求在 5.6 ~ 7.5，以 6.5 左右最好。莲藕要求氮、磷、钾肥料三要素并重。

三、藕田选择与准备

(一) 藕田的选择

莲藕的种植环境条件应无大气、土壤和水源污染，而且莲田还应避风、水流平缓、水位稳定、水源充足、地势平坦、排灌便利，常年水深在 5 ~ 30cm、最高水位不超过 1.0 ~ 1.2m，且淤泥层较厚，能保蓄水分，富含有机质的黏壤土。

(二) 藕田的整理

宜于大田定植 15 天前整地，耕翻深度达 25 ~ 30cm。要求清除杂草，耕细土壤、耙平泥面。并保蓄 3 ~ 5cm 浅水，防止杂草生长。

(三) 大田消毒

在种藕栽植 5 天前结合翻耕整地，亩施生石灰 80kg、硫黄粉 5kg，满田撒施消毒，消毒 2h 后进行翻地耙平，保水 3 ~ 5cm，然后让水自然渗透下去。

(四) 施足基肥

菜藕种植以基肥为主，基肥一般亩施腐熟人畜粪或厩肥 1 500 ~ 2 500kg，或施绿肥 3 000 ~ 3 500kg，同时配合施用磷、钾肥，特别是深水藕田易缺磷，每亩施过磷酸钙 50 ~ 75kg、硫酸钾 20kg 作基肥；也可亩施复合肥 25kg、腐熟饼肥 50kg、尿素 20kg、硼砂 1kg、硫酸锌 1kg 作基肥。

四、种植

(一) 种植时间

清明前后当气温稳定在 12 ~ 16℃，水田土壤温度上升到 12℃ 以上即可定植。长江中下游地区一般在 4 月上中旬至 5 月上旬期间进行定植。

（二）种植密度与方法

种植密度因品种而异，适当密植。藕莲一般早熟品种密度为行距2m，穴距0.7m；晚熟品种应适当稀植，密度为行距2.0～2.5m，穴距1m左右，每穴种植2支。各行栽植点要交错排列，种藕顶芽（藕头）要左右相对，分别朝向对面行的株间，藕田四周的种植点顶芽一律朝向田内，以便将来长出的立叶和结出的新藕在田内比较均匀。采用斜植法，按一定的距离扒一斜形沟，深13～17cm，将种藕藕头与地面呈20°～30°角，埋入泥中，以免莲鞭抽生时露出土面，后把稍翘出水面，以利于阳光照射，提高藕温。采用水凼种植，稻草盖种保温，每凼覆盖稻草3～5kg；浅水增温，栽植凼内保持浅水层3～5cm，遇到寒潮加深水层至10cm。

五、藕田管理

（一）水位管理

莲田整个生长季节内，都应保持一定水位，但不同时期有所不同。总的原则是前浅、中深、后浅。莲藕萌芽生长期、生长前期气温较低时，水位应适当浅一些，萌芽前水深5cm，发芽至立叶出现前，水深5～7cm，最深不超过10cm，以使田土易晒暖增温，促进萌芽生长。生长中期，即植株长出1～2片立叶后，特别是夏季高温时，水位应深一些，应逐渐加深到20～25cm，最深不宜超过60cm，以促进立叶逐渐长高大，并抑制细小分枝。后期立叶满田，并开始出现后把叶时，藕莲应将水位逐渐落浅到10～15cm，最深不超过25cm，以促进结藕，农谚"涨水荷叶落水藕"，就是说明在开始结藕时，水位不宜过深，以防促进立叶的生长，而延迟和影响结藕。整个生长期间，都要保持水位涨落和缓，不能猛涨暴落和时旱时涝。冬季应适当保水防冻和遏制病虫害，水深15～20cm。

（二）肥分管理

藕莲在施足基肥的情况下，一般重点在结藕初期追肥一次。

当田间已长满立叶、部分植株已出现高大后把叶时，表明地下茎已开始结藕，这时从田边到田块中央的叶群逐渐呈隆起状，要及时重施1次结藕肥。一般每亩施尿素20kg、过磷酸钙15kg，硫酸钾15kg，全田撒施。施肥应在晴朗无风天气，早晨露水干后进行，避免中午烈日时进行，施后叶片上残留化肥要用水冲洗，防止灼伤叶片，浅水施肥。

（三）中耕除草

栽植2~3周后，待荷叶浮出水面，开始第一次耘田，搅动行间土壤，并把杂草和枯黄的浮叶埋入泥中，保持水面清洁，以后每7~10天耕一次，直到荷叶满田。

（四）勤转藕梢

在莲藕茎叶旺盛生长期，藕鞭生长迅速，如有嫩叶长到田边，为防止藕梢穿越田埂，每隔2~3天，应于晴天中午或下午，将叶前30~60cm的细嫩藕鞭轻轻用手托起拨向田内。

六、病虫害防治

（一）农业防治

1. 选用抗病品种

针对当地主要病虫害控制对象及连茬种植情况选择高抗、多抗品种。

2. 清洁田园

冬季泡水遏制病虫，及时拔除病株，带出田块进行无害化处理，降低病虫基数。

3. 注意种藕

培育种藕健壮不带毒，减少伤口。加强养分管理，防止偏施氮肥，提高抗逆性。增加石灰施用量，防止土壤过酸。

4. 轮作换茬

实行严格的轮作制度，同一地块不连续3年再栽培，有条件的地区实行水旱轮作。

5. 按前述方法进行土壤消毒和种藕消毒。

（二）物理防治

1. 杀虫灯或糖醋液诱杀

杀虫灯悬挂高度一般为灯的底端离地 1.2～1.5m，每盏灯控制面积一般在 20～30 亩；糖 6 份、醋 3 份、白酒 1 份、水 10 份及 90% 敌百虫 1 份诱杀斜纹夜蛾成虫。

2. 黄板诱杀

在田间悬挂黄色粘虫板诱杀有翅蚜，30cm×20cm 的黄板每亩放 30～40 块，悬挂高度与植株顶部持平或高出 5～10cm。

（三）药剂防治

1. 腐败病

发现病株应立即拔除，另取无病藕枝进行补植；或在病株周围围堰，将带菌泥土搬掉，换上无菌新鲜泥土；莲株始发病后，每亩用 99% 恶霉灵可湿性粉剂 500g 或 10% 双效灵乳油 200～300g 与颗粒 0.3～0.5cm 干土 25～30kg 混拌均匀制成药土，点施在发病莲株周围。并在立叶长齐整及立叶封行前，在追肥中混拌 99% 恶霉灵原粉撒施，每亩用 1 000g，或选用 50% 多菌灵可湿性粉剂 600 倍液加 75% 的百菌清 600 倍液、70% 甲基托布津 800～1 000 倍液、68% 精甲霜锰锌水分散粒剂 800～1 000 倍液、20% 噻森铜悬浮剂 500～700 倍液、60% 琥铜锌乙铝可湿性粉剂 600～800 倍液进行喷雾防治，5～7 天喷雾 1 次。

2. 褐斑病

浮叶展开时或发病初期，可选用 25% 丙环唑乳油、50% 多菌灵可湿性粉剂、50% 硫黄多菌灵可湿性粉剂 1 000 倍液、50% 甲基硫菌灵可湿性粉剂 800 倍液加 75% 百菌清可湿性粉剂 800 倍液、40% 腈菌唑水分散剂 500 倍液加 70% 代森锰锌可湿性粉剂 600～800 倍液对水泼洒或喷雾防治视情况隔 7～10 天施用 1 次。

3. 斜蚊夜蛾

在卵块孵化至 3 龄幼虫未分散前选择以下药剂交替喷雾防治：

25%灭幼脲悬浮剂 3 500～4 500 倍液、15%茚虫威悬浮剂 3 500～
4 500 倍液、10%氯虫苯甲酰胺（康宽）3 000 倍液、20%虫酰肼悬
浮剂 2 000 倍液、3.2%高效氯氰菊酯·甲氨基阿维菌素苯甲酸盐
微乳剂、1.8%阿维菌素乳油 2 000 倍液、5%氟啶脲乳油 2 000 倍
液。宜傍晚前后喷药，7～10 天 1 次，连续用 2～3 次。

4. 蚜虫

发生初期即莲叶、花受害率为 15%～20% 时选用以下药剂防
治：70%吡虫啉水分散粒剂 1 000 倍液或 10%吡虫啉可湿性粉剂
1 000～1 500 倍液、50%抗蚜威可湿性粉剂 2 000～3 000 倍液、
1%苦参碱水剂 600～800 倍液、20%啶虫脒可湿性粉剂 5 000～
10 000 倍液或 70%吡虫啉水分散粒剂 500 倍液加 50%杀虫双可溶
性粉剂 500 倍液每隔 7 天～10 天喷雾防治 1 次，连喷 2～3 次。

5. 食根金花虫

清除杂草，尤其是眼子菜（鸭跖草），可减少成虫产卵场所。
每亩用 50%的西维因可湿性粉剂 2kg 加干细土 20kg，均匀撒入藕
田后，再耙平。偏酸性土壤如能每亩再施入石灰粉 20～30kg，效
果更好。食根金花虫的幼虫在水下泥中越冬，在冬季排干田水冬
耕晒垡，则可杀死部分越冬幼虫，减轻为害。

第三十三节　茭白栽培

一、品种选择

（一）一熟茭类型

春季栽培，当年秋季孕茭，以后每年秋季采收。该类品种对
水、肥条件要求较宽。优良品种有一点红、象牙茭、大苗茭、软
尾茭、蒋墅茭。

（二）两熟茭类型

春季或早秋栽植，当年秋季采收一季，称为秋茭；次年早夏
孕茭再采收一次，称为夏茭。该类品种对水、肥条件要求相对较

高。优良品种有广益茭、刘潭茭、鄂茭 2 号、小蜡台、梭子茭、扬茭 1 号。

二、栽培季节和方式

(一) 栽培季节

一熟茭都行春栽秋收，多在春季气温回升到 15℃ 左右，长江流域常在 4 月中下旬定植，9—11 月采收。两熟茭除春栽外，也可培育大苗，早秋定植，秋茭采收期略迟于一熟茭，但第 2 年早夏还可以采收一季夏茭。

(二) 栽培方式

茭白一般以单作为主，不宜多年连作，栽植 1 ~ 2 年后换茬。利用水田栽培，多与慈姑、荸荠、水芹等水生蔬菜进行合理轮作。

三、栽培技术

(一) 田块和品种的选择

选择比较低洼的水田或一般的水稻田。要求灌、排两便，田间最大水位不超过 40cm，并要求土壤比较肥沃，含有机质较多，微酸性到中性，土层深达 20cm 以上。根据当地市场需要和气候条件，选择适宜品种。茭白采用无性繁殖方法，种苗需带泥装运，运输量大。

(二) 整地施基肥

清除前茬后，宜施入腐熟厩肥或粪肥 3 300kg 作基肥，耕耙均匀，灌入 2 ~ 4cm 浅水糖平，达到田平、泥烂、肥足，以满足茭白生长的需要。

(三) 栽植

一般实行春栽。在当地气温达到 12℃ 以上，新苗高达 30cm 左右，具有 3 ~ 4 片叶时栽植，长江流域多在 4 月中旬。栽前将种苗丛 (老茭墩新苗丛) 从留种田整墩连土挖起，用快刀顺着分蘖着生的趋势纵劈，分成小墩，每小墩带有健全的分蘖苗 3 ~ 5 根，随挖，随分，随栽。如从外地引进，途中注意保湿。如栽植较迟，苗高已 50cm 以上，则可剪去叶尖再栽。一般行距 80cm，穴距 65cm，田肥可偏稀，田瘦则偏密。两熟茭品种为求减少秋茭产量，增加第 2 年夏茭产量，也可在春季另田培养大苗，于早秋选阴天栽植，将已具有较多分蘖的大苗用手顺势扒开，每株带苗 1~2 根，剪去叶尖后栽植，一般株距 25~30cm，行距 40~45cm。因栽植较迟，当年采收秋茭很少，而以采收夏茭为主。

（四）田间管理

1. 秋茭的田间管理

无论一熟茭还是两熟茭，栽植当年只产秋茭，田间管理基本相同。田中灌水早期宜浅，保持水层 4~5cm；分蘖后期，即栽后 40~50 天，逐渐加深到 10cm，到 7—8 月，气温常达 35℃ 以上，应继续加深到 12~15cm，以降低地温，控制后期无效小分蘖发生，促进早日孕茭。但田间水位最深不宜超过"茭白眼"。秋茭采收期间，气温逐渐转凉，水位又宜逐渐排浅，采收后排浅至 3~5cm，最后以浅水层或潮湿状态越冬，不能干旱，也不能使根系受冻。盛夏炎热，利用水库下泄凉水灌入茭白田，可促进提早孕茭。茭白植株生长量大，要多次追肥。一般在栽植返青后追施第 1 次肥，亩施入腐熟粪肥 500kg。如基肥足，苗长势旺，也可不施。10~15 天后施第 2 次追肥，以促进早期分蘖，一般亩施入腐熟粪肥 660kg 或尿素 10kg。到开始孕茭前，即部分单株开始扁秆，其上部 3 片外叶平齐时，要及时重施追肥，以促进孕茭。一般亩施入腐熟粪肥 2 330~2 670kg，或钾、氮为主的复合化肥 23~27kg。两熟茭早秋栽植的新茭，当年生长期短，故只在栽后 10~15 天追肥 1 次，亩施入 1 330~2 000kg 的腐熟粪肥或 20~30kg 氮、磷、钾复合化肥。还要进行耘田除草，一般从栽植成活后到田间植株封行前进行 2~4 次，但要注意不要损伤茭白根系。在盛夏高温季节，长江流域一般都在 7 月下旬到 8 月上旬，要剥除植株基部的黄叶，剥下的黄叶，随即踏入行间的泥土中作为肥料，以促进田间通风透光，降低株间温度。秋茭采收时，如发现"雄茭"和

"灰茭"植株，应随时认真做好记号，并尽早将其逐一连根挖掉，以免其地下匍匐茎伸长，来年抽生分株，留下后患。冬季植株地上部全部枯死后，齐泥割去残枯茎叶，这样来年萌生新苗可整齐、均匀，保持田间清洁和土壤湿润过冬。当气温将降到 −5℃以下时应及时灌水防冻。

2. 两熟茭夏茭的田间管理

两熟茭夏茭生长期短，从萌芽生长到孕茭，只有 80～90 天时间，故多在长江以南栽培，并要加强田间管理，才能多孕茭，孕大茭。早春当气温升到 5℃以上时，就要灌入浅水，促进母株丛（母茭墩）上的分蘖芽和株丛间的分株芽及早萌发。当分蘖苗高达 25cm 左右时，要及时移密补缺，即检查田间缺株，对因挖去"雄茭""灰茭"和秋茭采收过度而形成的空缺茭墩，可从较大和萌生分蘖苗较密的茭墩切取其一部分，移栽于空缺处。同时。对分蘖苗生长拥挤的茭墩，要进行疏苗、压泥，即每茭墩留外围较壮的分蘖苗 20～25 株，疏去细小一些的弱苗，同时从行间取泥一块压到茭墩中央，使苗向四周散开生长，力求使全田密度均匀，生长一致。追肥应早而重施，一般在开始萌芽生长时，江南多在 2 月下旬，亩追施腐熟粪肥 3 000kg 或尿素 30kg，30 天后，再追施一次，并要适量加施钾肥。夏茭田间散生于株、行间的分株苗常能早孕茭，下田操作时要注意保护，防止损伤。

四、病虫害防治

（一）主要病害防治

1. 茭白胡麻斑病

①增施钾肥；②多雨天气抓住雨停的间隙及时放水搁田 1 天，增加土壤溶氧量；③发病初期开始喷洒 50% 的异菌脲（扑海因）可湿性粉剂或 40% 异稻瘟净乳油 600 倍液等，隔 7～10 天喷 1 次，连喷 3～5 次。

2. 茭白纹枯病

①间隔 3 年再种茭白；②施足基肥，增施磷钾肥；③及时剥

除田间黄叶，并携出销毁；④发病初期用5%井冈霉素水剂1 000倍液或35%福·甲（立枯净）可湿性粉剂800倍液等喷雾，每隔10~15天喷1次，连喷2~3次。

3. 茭白瘟病

①适量增施磷、钾肥；②发病初期可用20%三环唑可湿性粉剂或40%稻瘟灵（富士1号）乳油或50%多菌灵可湿性粉剂各1 000倍液喷雾，隔7~10天喷1次，连喷2~3次。

（二）主要害虫防治

1. 长绿飞虱

①冬季清除茭白田残茬和田边杂草；②低龄若虫盛发期及时用25%噻嗪酮（扑虱灵）可湿性粉剂2 000倍液或2.5%溴氰菊酯乳油3 000倍液或50%马拉硫磷乳油1 000倍液喷雾。由于茭白封行后防治困难，所以应注重前期用药。

2. 大冥和二化螟

①冬季和早春齐泥面割掉茭白残株，减少虫源；②在主要为害世代、盛卵期及时用25%的杀虫双水剂300倍液或50%杀螟硫磷乳油500倍液或90%晶体敌百虫1 000倍液喷雾。也可用上述3种药剂每公顷用4.5、2.25和1.5kg各对水6 000L泼浇。

3. 稻管蓟马

发生初期用40%的乐果乳油800~1 000倍液或10%吡虫啉可湿性粉剂1 500倍液或20%丁硫克百威（好年冬）乳油600~800倍液喷雾。

五、采收

茭白肥大后要及时采收。过早采收，茭肉太嫩，风味欠佳，产量低，过迟采收，茭肉发青，质地粗糙，品质变劣。适时采收的标准是三片长齐，心叶缩短，孕茭部显著膨大，叶鞘由抱合而分开，微露茭肉，茭白眼收缩似蜂腰状。夏茭采收期间，气温正高，容易发青茭老，只要叶鞘中部茭肉膨大、出现皱缩即应采收。

第三十四节　芋头栽培

芋头为天南星科芋属，别名芋艿，毛芋，芋等。主要在华南，西南和长江流域种植，东北、西北很少种植。芋头是多年生块茎植物，常作一年生作物栽培。

一、选用良种，催芽育苗

根据熟期和品质，选用早熟、质优、食口性好的地方品种芋。选择具有本品种性状、顶芽充实、完整、无病虫伤斑、新鲜而不腐烂、单芋重 25～40g 的子芋作种，并按大、小分级，每亩用种 100～125kg；或选用食口性较差、含营养物质较多的母芋作种，具有出苗早、植株生长健壮、子芋多、产量高的优势。无论采用子芋还是母芋作种，2月上旬选好后晒种 2～3 天，并将枯叶剔除，以便于与土壤接触，吸收水分，促进发芽。选择背风向阳处保温催芽育苗。方法是先在地面铺一层地膜或薄膜，膜上放些软稻草，再在草上铺 5cm 厚的干熟细土，然后将芋头芽向上排 7～8 层，后再盖 5～6cm 厚的干熟细土，最后覆盖薄膜，四周密封，晚上在薄膜上盖草，使催芽床温度保持在 10℃ 以上，经 8～10 天待芽长出 2～3cm 时再播于育苗床内。当苗龄达三叶一心时即可移栽大田。移栽前 1 周注意降温炼苗。

二、选地整地，施足基肥

芋头的食用器官为地下球茎，而且芋头根系分布深，宜选择土质肥活，保肥、保水力强，土层深厚、肥沃、疏松、排灌方便，前一年未种过芋头的田块。播前需深翻 40cm 以上，深翻有利于球茎膨大和提高产量，深翻前每亩需一次性施入优质土杂有机肥 2 500～3 000kg，尿素 30kg，硫酸钾 40kg，过磷酸钙 50kg。

三、适期早播，合理密植

（一）播种时间

播种一般在当地终霜后进行，过早播种易造成烂种。芋头生长期长，在13~15℃才能发芽，一般在3月上中旬左右开始种植（有条件的地膜栽培可提早在2月前种植）。在芋头出苗后不受冻的情况下，播种期越早越好，提早栽植，延长生长期，能显著增产。覆膜芋头，增温保湿，较露地提前20~30天播种，不宜过早，过早地温低，易造成烂种或形成弱苗；过晚由于地温高，易造成烧苗，根据气候特点灵活掌握。覆膜栽培能提高产量38.5%~50%，并提高了子芋的比重，加工成品率高。要求在冬至后，元旦前进行排种，采用农膜覆盖催芽，待长根萌芽后，元月份选择晴好的天气进行种植确保在8月中旬前可以采收芋头上市，获取高价。

（二）合理密植，提高株产

密度要根据品种、土壤、水肥条件而定，条件好的密一点，条件差的稀一点。从经济效益来看，每亩种4 500~6 000株最为合理。采用大小行栽培方式，按株距27~33cm，大行距60cm，小行距30cm，进行播种。在整好的地上按大行距开沟，沟深10cm，沟宽35cm，在种植沟内灌水造墒，水渗下后按照确定的密度摆上芋头种，注意芽要朝上，按三角（错位）栽植，在种芋之间施用适量化肥。起垄时要起高垄，使垄高20cm，垄宽50~60cm，起垄结束将垄耙平。种芋上盖土厚8~15cm，一般为12cm，秋后不用再分垄覆土，不伤根，产量高。

四、合理施肥，科学管水

（一）合理施肥

可在幼苗前期追一次提苗肥，发棵和球茎生长的初期、中期追肥2~3次，施肥量前少后多，逐渐增加，氮、磷、钾肥要配合施用。后期应控制追肥，避免贪青晚熟。基肥亩施复合肥（N：P：K=15：15：15）40~50kg，普钙100~150kg；苗齐后开始追肥，亩施复合肥（N：P：K=16：10：20）75~100kg，施肥结合锄草、培土、地膜芋头施肥采取肥料对水浇施。或在施足基肥的前提下，前期可适当施稀薄沼气水或粪水，6月初芋头开始膨大时（3~4叶期），每亩用农家肥1 000kg，硫酸钾15kg，生物有机肥50kg，硼锌镁肥2kg，经堆沤30~45天后施于厢边复土。在7月中旬大暑前（5~6叶期），每亩用硫酸钾复合肥25kg，硫酸钾15kg均匀混合施于厢面上，浅土盖肥，施肥前应拔除田间四周杂草。8月以后不再施肥。在芋头迅速膨大期（6—7月）可结合防治病虫害时喷施膨大素加磷酸二氢钾等，可促进芋头膨大、提高产量。芋头整个生育期的追肥量：硫酸钾20~30kg，磷酸二铵30~40kg，碳铵60~70kg。

（二）科学管水

芋头耐涝怕旱。芋头叶片大，蒸腾作用强，因此喜水、忌土壤干燥，否则易发生黄叶、枯叶现象。前期由于气温低，生长量小，所以只需保持土壤湿度即可，特别是出苗期切忌浇水，以免影响发根和出苗。中后期气温高，生长量大，需水量多，要保持土壤湿润，但灌水时间宜在早晚，尤其高温季节要避免中午浇水，否则易使叶片枯萎。在施肥揭膜前，应保持土面湿润，雨天要排出田间渍水，晴天干旱，要灌跑马水保持湿润；生长高峰期（6—8月）要保持沟内有3.33cm水至湿润；采收前20天应控制浇水，收获前10天停止灌水。

五、中耕和培土

芋头球茎在生长过程中会随着叶片的增加而逐渐向地表生长，从而影响芋头的产量和品质，此外培土是抑制子芋、孙芋顶芽萌发，减少养分消耗，促进球茎膨大的重要技术措施。因此在封垄前均要揭膜结合中耕除草培土2~3次，每次可覆土5~7cm，间隔15~20天。农事操作要尽可能地减少地上部和地下部机械损伤。

采用高垄覆膜深埋种植的芋不用培土。

六、及时切除子芋

当芋头长到 7 ~ 8 叶时开始发生子芋。为减少养分分散和消耗，利于母芋膨大，子芋有一叶一心时，用小刀或小铁铲小心将子芋割除生长点，注意不要割伤母芋。需留种的子芋留三、四娘仔不除。

七、病虫害防治

遵循"预防为主、综合防治"的方针，以农业防治为基础，优先采用物理、生物防治，选用高效、低毒、低残留的农药，不使用禁用农药，以确保芋头的质量安全。

（一）主要病害

1. 芋疫病

属真菌性病害，主要为害叶柄叶片和球茎，在 6—8 月为发病高峰期。高温、多湿或时雨时晴，容易发生，过度密植和偏施氮肥，生长旺盛，发病严重。防治方法：以防为主，发病前于 5 月中旬开始用药，可选用保护性杀菌剂如代森锰锌，分别加入疫霜灵、甲霜灵、安克等交替使用，7 ~ 10 天喷 1 次。施药时应掌握好天气，选择雨前喷药，同时喷洒药液要均匀，叶背、叶面、叶柄都要喷到。

2. 软腐病

属细菌性病害，为害地下球茎及叶柄基部，整个生长期都可发病。防治方法：加强肥水管理，发现病株及时拔除带走，同时在病穴周围撒石灰。药剂防治：可用农用链霉素、百菌清灌根，施用时可在施肥前、培土后、割仔芋后各施 1 次。同时在常年发病重的地域每次用药都应加农用链霉素，严防地下害虫及控制水分。

3. 芋污斑病

仅为害叶片，可用百菌清、甲基硫菌灵于发病初期开始防治，隔 7～10 天再喷施一次。

(二) 主要虫害

1. 蚜虫

以成虫、若虫在叶背或嫩叶上吸汁液，使叶片卷曲畸形，生长不良，并传播病毒病，严重时造成叶片布满黑色霉层。防治方法：可用乐果、吡虫啉类农药喷杀。

2. 斜纹夜蛾

幼虫食叶，严重时仅剩叶脉。一般用功夫或乐斯本、吡虫啉、锐劲特在幼虫 3 龄前喷杀，用药要考虑综合防治。如吡虫啉加阿维菌素可以防芋蚜、斜纹夜蛾等害虫。

3. 地下害虫

结合两次施重肥可选用辛硫磷、米乐尔或敌百虫进行防治。

4. 红蜘蛛

用螨危 4 000～5 000 倍，20% 螨死净可湿性粉剂 2 000 倍液，15% 哒螨灵乳油 2 000 倍液，1.8% 齐螨素乳油 6 000～8 000 倍等均可达到理想的防治效果。

第三十五节　马铃薯栽培

一、品种选择

宜选用结薯早，薯块集中、块茎前期膨大快、生理早熟即茎叶枯黄早的早、中熟品种，生育期在 60～80 天，主要品种有湘马铃薯 1 号、费乌瑞它、中薯 5 号、中薯 3 号、紫洋、红云等。

二、土壤选择

选择土质疏松、排水方便的微酸性沙壤土。

三、种薯处理

宜选用 3 代以内的脱毒种薯。播种前对种薯需进行如下处理。

（一）切块

50g 以下的种薯一般不切块，行整薯播种；50g 以上的种薯应进行切块，切块时要纵切或斜切，每个切块应含有 1～2 个芽眼，平均单块重 25～50g，切块应为楔状，不要成条状或片状。切块过程中要注意切刀消毒，一般将两把刀浸泡在 1% 的高锰酸钾溶液中，使用其中一把刀切完一个种薯后，将刀浸入高锰酸钾溶液中，取另一把刀切下一个种薯，交替进行。切块时应将顶芽薯块与侧芽薯块分开堆放、分开播种。

（二）拌种

切块后用草木灰加入 2% 甲基托布津或多菌灵拌种，以促进切口愈合。

四、耕地施肥

（一）耕地

耕地应在播种前 7～10 天进行，深度 30cm 左右，旋耕 1～2 次。

（二）施肥

结合旋耕每亩撒施尿素 22～26kg，钙镁磷肥 50kg，硫酸钾 40～50kg 或硫酸钾型复合肥（15：15：15）100kg，旱地每亩撒施易撒净 2kg 防治地下害虫，使肥、药与土壤混匀。

五、播种

（一）播种时期

12 月下旬至翌年 1 月上旬。

（二）播种方法

在旋耕好的土面上按宽 120cm 划厢，然后在厢面中央按行距 45cm、株距 20～22cm 播种种薯 2 行。播种时用手将种薯摁入土壤即可。

六、起垄覆膜

(一) 起垄

播种后在两厢之间开沟，将沟中 2/3 的土壤覆盖在种薯上自然成垄。

(二) 覆盖地膜

用幅宽 120cm 的无色透明地膜覆盖全垄，四周用土严压实；然后将沟中剩余土壤覆盖在地膜上，厚度 5~6cm，随后每亩用芽前除草剂（金都尔、乙草胺等）100ml 对水 50kg 全田均匀喷雾。

七、田间管理

(一) 清沟排水

雨季要注意清通四周围沟、畦沟，沟沟相通，及时排除田间积水。

(二) 植株调控

若马铃薯植株出现疯长，可用烯效唑叶面喷雾，使用浓度为 100~150mg/kg。

八、病虫害防治

马铃薯主要的病害有早疫病、晚疫病、黑胫病，虫害主要有蚜虫、二十八星瓢虫和地下害虫。防治早疫病用 70% 代森锰锌可湿性粉剂 500 倍液或 75% 百菌清可湿性粉剂 600 倍液或 25% 阿米西达悬浮剂 1 000 倍液喷雾；防治晚疫病用 70% 代森锰锌可湿性粉剂 500 倍液或 25% 瑞毒霉可湿性粉剂 800 倍液或 72% 的克露可湿性粉剂 600~800 倍液或 68.75% 银法利 600 倍液喷雾；防治黑胫病用 0.05%~0.1% 春雷霉素溶液或 0.2% 高锰酸钾溶液于时浸种 30min；防治蚜虫用 10% 大功臣可湿性粉剂 2 000~3 000 倍液或 10% 吡虫啉可湿性粉剂 1 500~2 000 倍液喷雾；防治 28 星瓢虫用 50% 的敌敌畏乳油 500 倍液或 5% 卡死克乳油 1 500 倍液喷雾；防治地下害虫每亩用用2kg易撒净于旋耕前撒入。

九、收获

一般从4月中旬就可根据市场行情陆续收获上市。选晴天收获，揭去地膜挖取马铃薯，将薯块放在太阳下适度晾干表面水分，去掉烂、破、病薯，按薯块大小进行分级装袋或装箱出售。

第三十六节　胡萝卜栽培

一、品种选择

胡萝卜以秋播为主，品种要求肉质细嫩，皮红、芯红、肉红，尾部圆钝，适宜秋季栽培的品种有京红五寸、红芯一号、红芯三号、红芯六号等。但近年由于市场需求，也出现了春播胡萝卜，适宜春季栽培的品种有春红一号、春红二号等。

二、整地施肥

宜选择pH值5～8、土层深厚的砂质壤土较为适宜，要求土壤湿度为土壤最大持水量的60%～80%。胡萝卜根系入土深，深翻土地有助于根系旺盛生长和促进肉质根肥大。土壤翻耕之前每亩施有商品机肥500kg以上，硫酸钾复合肥50kg。另外，可以用厩肥、草木灰、过磷酸钙作为基肥。土壤深翻的深度为25～30cm，同时进行细耙、整平，耙细后做成宽160cm、高30cm的畦。

三、适期播种

适期播种是夺取高产的关键。根据气候特点，以平均气温21℃向前推60天左右设定播期。秋季胡萝卜种植，民间有句俗语"七大八小九钉钉"。湖南省大部分地区播期在7月下旬至8月上旬。播种太晚，收获期温度太低，胡萝卜的生育停止，产量低，颜色淡，严重影响产品品质。春播播种一般在 3 月下旬至 4 月上旬进行，由于气温尚低，前期可进行薄膜覆盖。

（一）种子处理

胡萝卜种子有刺毛，妨碍种子吸水，且易黏结成团不便播种，所以播种前要将刺毛搓去，然后放在 30 ~ 40℃ 的温水中浸泡 3 ~ 4h，再放入 10% 磷酸三钠溶液中浸泡 40 ~ 50min（防病毒病），或播种前用的 75% 百菌清或 70% 代森锰锌可湿性粉剂拌种（防黑斑病），或把种子置 50℃ 温水中浸泡 25min 消毒（防细菌性疫病），捞出用清水冲净后放在湿布包中，置于 20 ~ 25℃ 环境下催芽，保持种子湿润，并定期翻动，使温湿度均匀，待 80% ~ 90% 的种子露白后即可播种。

（二）播种

胡萝卜可以条播也可以撒播，条播每亩用种 0.75kg 左右，撒播每亩用种 1.5 ~ 2kg。条播通常行距 50 ~ 60cm，株距 10cm 左右。撒播的株行距以 10cm × 10cm 或 12cm × 12cm 较为适宜。播种完成后需覆土镇压，覆土厚度适中，不能露籽，也不能太厚，一般不超过 2cm，而且覆土要均匀，以防土壤水分蒸发。为满足胡萝卜种子对水分的需求，播种后要注意喷水，使畦面保持紧密结合。出苗前保证地皮不见干，有利于提高出苗率。

四、田间管理

（一）间苗定苗

幼苗 1 ~ 2 片真叶时进行第 1 次间苗，疏去劣苗、病苗、过密苗，保持株距 3cm 左右；5 ~ 6 片真叶定苗，株距为 6 ~ 8cm。管理原则是早间苗、晚定苗、保全苗。每亩留苗数大型种 1 万株左右，中小型种 4 万 ~ 6 万株。

（二）中耕除草

结合间苗，在行间浅锄，疏松表土，除草保墒。定苗至封垄前，于雨后或浇水后进行 2 ~ 3 次中耕，7 ~ 10 天中耕 1 次。

（三）浇水

发芽期间视天气情况浇水，保持土壤湿润，以利种子发芽，保苗齐、苗全。幼苗期前促后控，前期（幼苗长至 5～6 片真叶）若遇旱，尤其是持续高温天气，地面蒸发量较大，甚至出现细小裂缝的情况下，应及时浇水，使土壤保持湿润，以小水轻浇为宜；后期（幼苗从 5～6 片真叶生长至约 12 片真叶的阶段）适当控制浇水次数，保持土壤见干见湿。当肉质根膨大时（即幼苗长至 12 片真叶左右），需水量增加，应保持土壤湿润，每次浇水要均匀，水分不足则根部瘦小而粗糙，供水不匀则引起肉质根开裂。田间忌积水，要注意排水防涝。

（四）追肥

胡萝卜生长期间一般追肥 1～2 次。根据苗情，第 1 次追肥在 3～4 片真叶时，每亩追施尿素 5～7kg、硫酸钾 5kg。肉质根膨大初期进行第 2 次追肥，每亩追施尿素 5～7kg、硫酸钾 5～7kg。两次追肥均宜将化肥加水稀释 150～200 倍后均匀浇施。胡萝卜收获前 30 天内禁止施用任何肥料，而且胡萝卜对于新鲜厩肥和土壤中肥料溶液浓度过高都很敏感，使用新鲜厩肥或每次施肥量过大，都容易发生烧根。

（五）培土

一般在肉质根膨大前期、定苗后 25～35 天时培土，使根部没入土中，防止肉质根见光转绿，出现"青头"。

五、病虫害防治

胡萝卜主要病害有根结线虫病、腐霉根腐病；虫害主要有地下害虫（蝼蛄、蛴螬等）、烟粉虱、甜菜夜蛾等。

（一）农业防治和物理防治

1. 选用抗病虫品种

2. 合理轮作

与非根类蔬菜实行 3 年以上轮作。

3. 清洁田园

清除田间及周边的杂草及作物病残体，集中带到田外深埋或烧毁，减少病虫基数，减轻病虫害发生几率。

4. 田间设置黑光灯或频振杀虫灯

诱杀地下害虫和鳞翅目害虫等，设置橙黄板诱杀烟粉虱等。

（二）化学防治

1. 根结线虫病

根部发病后，直根上散生许多膨大为半圆形的瘤，侧根上多生结节状不规则的圆形虫瘿，直根呈叉状分枝，瘤初为白色，后变褐色，多生于近地面 5cm 处。防治方法：每亩用 0.5% 阿维菌素颗粒剂 3~5kg 于耕翻前撒施。此外，建议采取胡萝卜与小麦轮作栽培方式，利用小麦根系对胡萝卜根结线虫的抑制作用，不用药剂处理土壤，也可有效解决胡萝卜根结线虫病危害严重的问题。

2. 腐霉根腐病

主要侵染根及茎部，病部最初呈水浸状，后于茎基或根部产生褐斑，逐渐扩大后凹陷，严重时病斑绕茎基部或根部一周，致地上部逐渐枯萎。发病时间主要在苗期，叶部旺盛生长期仍有死苗现象发生。于病害发生初期喷淋 72.2% 霜霉威水剂 700 倍液或 30% 恶霉灵·甲霜水剂 2 000 倍液或 72% 霜脲·锰锌可湿性粉剂 1 000 倍液等，视病情发展连续防治 2~3 次。

3. 地下害虫

幼苗生长期间，若出现蝼蛄、蛴螬等地下害虫为害，可用 90% 敌百虫晶体 0.15kg 加水 4.5kg，拌入炒香的豆饼、青菜撒施于田间地表诱杀。蛴螬幼虫盛发期用 50% 辛硫磷乳油 1 000 倍液或 48% 毒死蜱乳油 1 000 倍液或 30% 敌百虫乳油 500 倍液灌根。地老虎1~3龄幼虫期，可用2.5%溴氰菊酯或20%氰戊菊酯3 000倍液或20%菊马乳油3 000倍液喷雾防治。

六、适时采收

胡萝卜自播种至采收天数依品种而异，早熟品种80~90天，中晚熟品种100~120天。肉质根充分膨大成熟方可采收，过早采收品质差，产量低；过迟则肉质根易木栓化，甜味减轻，品质变劣，失去商品价值。胡萝卜的肉质根达到采收成熟期时，一般表现为心叶呈黄绿色，外叶稍有枯黄。秋胡萝卜一般在10月下旬至11月收获，春胡萝卜一般在6月中下旬至7月收获。采收和运输过程中要尽量减少损伤。采收后及时进行清园，翻地，清除杂草，减少病虫的栖息地。

第三十七节　萝卜栽培

一、品种选择

选用适宜当地坏境条件，冬性强，抗逆性好，抗病虫能力强，并通过省级农作物品种审定委员会审（认）定的品种。一般用白玉春、白光等白玉春系列品种。

二、整地施肥

前作物收获后深耕炕地。耙地前亩施商品有机肥300kg、硫酸钾复合肥50kg、硼砂1kg、过磷酸钙25kg，草木灰100kg，深耕细耙，使土肥融合。然后起垄，垄面宽70cm，垄沟宽30cm，深20cm。

三、播种

8月上中旬均可播种。行点播，每垄2行，株距15cm，每亩播9 000穴，每穴1粒种子。同时每亩用10~15个72孔穴盘进行育苗，以便补苗。

四、大田管理

（一）查苗补缺

幼苗出土后，子叶展开，要及时查苗补缺，补苗时浇足水，使根系与土壤融合，以利发根成活。

（二）中耕除草

中耕除草分 3 次进行，幼苗至 3～4 片真叶时，可进行第 1 次中耕除草，第 2 次中耕除草在莲座初期进行，第 3 次中耕除草在肉质根生长初期，禁止使用任何化学除草剂除草。

（三）肥水管理

萝卜生长初期，氮、磷、钾的吸收较慢，随着生产面加快，追肥要跟上，一般分 3 次追肥：苗期幼苗长至 3～4 片真叶，中耕后每亩追施尿素 6kg；莲座期每亩追施腐熟人粪尿 1 000kg；肉质期每亩追施三元素硫酸钾复合肥 20kg。

萝卜播种后，要保持土壤湿润，才能保证发芽迅速，出苗整齐。大部分出苗时，再浇一次水。另外苗期也要注意排水防涝。萝卜进入莲座期要保持干干湿湿，采取浇水与蹲苗相结合，控制叶片徒长，避免影响通风透光。进入肉质期，需要水分最多，要经常保持土壤湿润，既可提高产量，又可减少糠心。

五、病虫害防治

萝卜病害主要有软腐病、霜霉病、病毒病、黑心病。虫害主要有蚜虫、黄条跳钾。

软腐病用 72% 农用硫酸链霉素可溶性粉剂和新植霉素各 4 000 倍液喷雾防治；霜霉病用 25% 甲霜灵可湿性粉剂 750 倍液或 75% 百菌清可湿性粉剂 500 倍液倍液喷雾防治；病毒病用 20% 病毒 A 可湿性粉剂 600 倍液或 1.5% 植病灵乳油 1 000 倍液喷雾防治；黑心病用新植霉素 4 000 倍液、农用链霉素 3 000～4 000 倍液和 50%

多菌灵 500 倍液喷雾防治。

菜蚜48%乐斯本乳剂 1 000倍液、10%吡虫啉乳剂 2 500倍液、5%抑太保乳剂 3 000倍液喷雾防治；黄曲条跳甲用2.5%功夫乳油 1 500 ~ 2 000倍液喷雾防治。

六、收获

当萝卜肉质根充分膨大，肉质根基部已"园腔"。叶色转淡，开始变为黄绿色时，即可采收。采收质量要求：肉质根根形整齐，无权根，无开裂，无异味（苦味），剖开肉质根无空心及栓化细胞。

第三十八节　紫玉淮山栽培

紫玉淮山是从我国台湾省引进，因其肉质紫红色而得名，被称为"紫人参"，与常见的白色淮山相比，紫玉淮山的淀粉、总糖、锌等营养物质更加丰富，花青素含量是白淮山的60倍，对眼睛保健，预防心脏病、癌症等有一定作用。

由于淮山块茎生长的垂直向地性，传统的栽培方法需要深沟种植和深挖采收，费工费时，且产品商品率低。硬塑槽定向栽培技术是在表土层斜放硬塑槽，引导淮山块茎沿着硬塑槽的方向定向生长，使淮山长薯快、收获容易，商品性好，达到高产、优质、高效的目的。

一、种薯选择与育苗

选择代表本品种特征特性、无病虫害、充分老熟的块茎做种薯。种植前30天将种薯块茎切成4cm×4cm ~ 5cm×5cm 见方的小块。用25%多菌灵可湿性粉剂800倍液浸种消毒10min，取出晾干后进行催芽。或者将种薯块茎切口蘸石灰或草木灰后晒种 1 ~ 3天。打破种薯的休眠促进发芽，晒种程度为种薯切块伤口向内萎缩，并从断面中间裂开。

将苗床畦面整平，铺上 5cm 的河沙，将种薯铺在河沙上，盖上 5cm 的河沙或细土，盖好薄膜保温保湿，出苗后及时起小拱棚。经过 30 天左右，当长出 2 片真叶时定植。

二、土壤选择与耕地施肥

硬塑槽定向栽培对土壤要求不是很严格，各种土壤都可栽培，但以土质肥沃、土层深厚、排灌方便的砂壤土更有利于其生长。

结合翻耕亩撒施腐熟人畜粪 1 500kg 或商品有机肥 600kg、复合肥 100kg、钙镁磷肥 50kg 作基肥，与土壤混合均匀。

三、做畦放槽

包沟 1.6m 作畦，深沟高畦，畦高 30 ~ 40cm，畦面宽 1.2m，沟宽 40cm。中间和四周还要加开腰沟和围沟排水。

作畦后在畦面按株距 25 ~ 30cm 挖宽约 10cm、长 120cm 的横向平行斜小沟，斜度为 15°左右，上端深约 10cm，下端深 25 ~ 30cm，每亩可挖 1 500 ~ 1 800 条平行斜小沟。在平行斜小沟里放入专用硬塑槽，槽内填放足量的松软基质（腐熟木糠、蘑菇渣、甘蔗渣或糠壳等），用土覆平畦面再盖银黑双色地膜或稻草。

四、适时定植

4 月中旬当气温回升到 12℃以上，地温稳定达到 10℃以上时选择晴天下午或阴天定植，一般要避免烈日暴晒。在距硬塑槽上端 2cm 处定植幼苗，每株只留 1 ~ 2 个健壮的幼苗，多余幼芽彻底摘除。覆盖泥土 8cm 厚。硬塑槽种植薯块生长在浅土层，通过覆盖遮阳物（银黑双色地膜或稻草），以保持土层湿润，防止杂草生长，有利于薯块快速长大。

五、田间管理

（一）搭架引蔓、整枝

定植 10~20 天后，当苗高 20cm 左右时，应及时搭架。搭架用人字架或棚架，在搭架时注意不能插在硬塑槽上。每株留藤蔓 1 条并及时引蔓上架，避免幼嫩藤蔓自然缠绕造成难以摘除侧蔓，或幼嫩藤蔓过长未上架而倒伏在地面受晒烫死。在 6—9 月，应及时将种薯长出的数条幼嫩藤蔓从基部摘除，保留的藤蔓 1.5m 以下叶腋间长出的侧蔓也要摘除。

（二）追肥培土

定植成活后每 20~30 天追肥一次，连施 3~4 次，每次每亩施复合肥 5~10kg。120 天左右开始转入块茎生长期时重施攻薯肥，亩施 20~30kg 复合肥。施肥应在雨后或灌水后，同时应及时进行培土。覆盖在硬塑槽上的土层保持 8cm 厚。

（三）水分管理

淮山较耐旱，对水分要求不严，苗期和块茎生长初期以保持土壤湿润为好，但块茎进入生长旺盛期以后，应保证有充足水分均匀供应。9—11 月是淮山块茎快速伸长膨大期，特别要保持土壤湿润，如水源不足对产量影响较大，因此有条件的应尽可能安装滴灌或微喷灌保证水分供应。块茎收获前 10 天左右应停止浇水，以利采收后销售或贮藏。

六、病虫害防治

病害主要有炭疽病、褐斑病、斑枯病、枯萎病、根结线虫等，虫害主要有斜纹夜蛾、红蜘蛛、地老虎、蛴螬等。

（一）病害防治

对于褐斑病、炭疽病、斑枯病，防治的关键是预防。第 1 次用药一定要在上架后、发病前的关键时期，如第一次用药偏晚，待发病后用药，控病效果将显著下降。发病前和生长初期用 70%

安泰生可湿性粉剂700～800倍、80%代森锰锌可湿性粉剂500倍液等药剂轮换喷雾。

（二）虫害防治

在幼苗及生长期，用50%辛硫磷乳油1 000倍液、10%除尽悬浮剂1 500倍液、2.5%功夫3 000倍液等，在植株表面和地面喷洒，可以防治斜纹夜蛾、蝼蛄、地老虎等害虫；用联苯菊酯2.5%乳油3 000倍液可以防治红蜘蛛、斜纹夜蛾等害虫。斜纹夜蛾大面积发生时仍以化学防治为主。斜纹夜蛾高龄幼虫耐药性强，昼伏夜出，并具有假死性等特点，在化学防治时要注意治早治小，在幼虫1～2龄期用药效果最好，喷药时间选在傍晚为佳，低容量喷雾，除了植株上要均匀着药以外，植株根际附近地面也要喷透，以防滚落地面的幼虫漏治。

七、采收

一般可在霜前采收。采收宜在晴天上午，把浅土层稍微翻开后，就可将整条淮山块茎轻松取出，就地晾干表皮水分后，对薯块进行分级包装贮运。收获时，应尽量减少薯块的破损率，轻装、轻运、轻卸，防止块茎产生机械伤。采收淮山块茎后可保留硬塑槽在畦中，翻晒一段时间后重新加入松软填料并覆盖泥土，来年继续种植，2～3年内可不用重新整畦放入硬塑槽，但有条件的最好每年更换。

主要参考文献

樊兆博，刘美菊，张晓曼，等．2011．滴灌施肥对设施番茄产量和氮素表观平衡的影响［J］．植物营养与肥料学报（4）：970－976．

雷吟，李汉美，丁潮洪．2014．不同防虫设施对长豇豆生长发育和害虫防效的影响［J］．丽水农业科技（4）：15－16．

汪清，谢志坚，余玉平，等．2011．无公害生菜栽培技术［J］．现代园艺（3）：30－31．

吴俊英．2015．设施辣椒病虫害绿色防控技术［J］．现代农业（11）：22－24．

郑国保，孔德杰，张源沛，等．2010．不同灌溉定额对设施茄子光合特性和产量的影响［J］．节水灌溉（12）：28－30．

后　记

为了更好地开展长沙市职业农民培训工作，提高广大菜农的科技文化素质和种菜水平，促进农业增效，农民增收，满足城乡居民对"菜篮子"产品的需求，保障市场供应，长沙市农业广播电视学校、长沙市农业委员会蔬菜处共同组织编写了《长沙市常见蔬菜安全高效生产技术》一书，供广大菜农和基层农业技术人员学习参考。

本书由湖南省蔬菜产业技术体系首席科学家、湖南农业大学园艺园林学院博士生导师刘明月教授组稿，蔬菜专家和实践工作者曾鸣、朱帅、郝学荣等审稿。该书对蔬菜建园、蔬菜育苗、蔬菜设施与露地栽培的关键性技术进行了较为详细的介绍，在编排上尽可能保持完整性和连续性，以较短的篇幅容纳较多的内容，文字上尽量通俗易懂，技术上科学实用，可操作性和复制性强，希望能对广大菜农和基层农业技术人员有所帮助。

由于编写时间紧、任务重，编者积累的资料及水平有限，成书过程中疏漏与不当之处在所难免，敬请广大读者批评指正。